国家基本职业培训包（指南包 课程包）

美发师

（试行）

人力资源社会保障部职业能力建设司编制

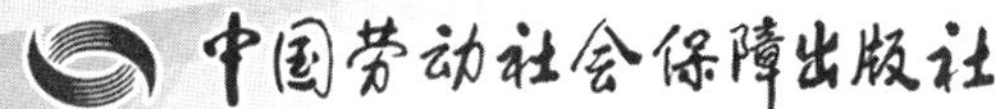
中国劳动社会保障出版社

图书在版编目（CIP）数据

美发师：试行 / 人力资源社会保障部职业能力建设司编制. -- 北京：中国劳动社会保障出版社，2020

国家基本职业培训包：指南包　课程包

ISBN 978－7－5167－4283－9

Ⅰ.①美…　Ⅱ.①人…　Ⅲ.①理发－职业培训－教学参考资料　Ⅳ.①TS974.2

中国版本图书馆 CIP 数据核字（2020）第 038435 号

中国劳动社会保障出版社出版发行

（北京市惠新东街 1 号　邮政编码：100029）

*

北京市艺辉印刷有限公司印刷装订　新华书店经销

880 毫米 ×1230 毫米　16 开本　7.75 印张　137 千字

2020 年 4 月第 1 版　　2020 年 4 月第 1 次印刷

定价：25.00 元

读者服务部电话：（010）64929211/84209101/64921644

营销中心电话：（010）64962347

出版社网址：http://www.class.com.cn

编 制 说 明

为贯彻落实《中华人民共和国国民经济和社会发展第十三个五年规划纲要》提出的“实行国家基本职业培训包制度”的要求，大力推行终身职业技能培训制度，推进实施职业技能提升行动，按照《人力资源社会保障部办公厅关于推进职业培训包工作的通知》（人社厅发〔2016〕162号）的工作安排，“十三五”期间，组织开发培训需求量大的100个左右国家基本职业培训包，指导开发100个左右地方（行业）特色职业培训包，到“十三五”末，力争全面建立国家基本职业培训包制度，普遍应用职业培训包开展各类职业培训。

职业培训包开发工作是新时期职业培训领域的一项重要基础性工作，旨在形成以综合职业能力培养为核心、以技能水平评价为导向，实现职业培训全过程管理的职业技能培训体系，这对于进一步提高培训质量，加强职业培训规范化、科学化管理，促进职业培训与就业需求的有效衔接，推行终身职业培训制度具有积极的作用。

国家基本职业培训包是集培养目标、培训要求、培训内容、课程规范、考核大纲、教学资源等为一体的职业培训资源总和，是职业培训机构对劳动者开展政府补贴职业培训服务的工作规范和指南。国家基本职业培训包由指南包、课程包和资源包三个子包构成，三个子包各含有相应培训内容与教学资源。

在征求各地培训需求的基础上，经调研论证，人力资源社会保障部组织有关行业专家编制了首批中式烹调师等10个职业（工种）的国家基本职业培训包（指南包 课程包），并于2017年10月印发施行。

在首批中式烹调师等 10 个职业（工种）国家基本职业培训包编制的基础上，2018 年 11 月，人力资源社会保障部继续组织有关行业专家开展第二批电工等 15 个职业（工种）的国家基本职业培训包（指南包 课程包）的编制工作。

此次编制的电工等 15 个职业（工种）的国家基本职业培训包遵循《职业培训包开发技术规程（试行）》的要求，依据国家职业技能标准和企业岗位技术规范，结合新经济、新产业、新职业发展编制，力求客观反映现阶段本职业（工种）的技术水平、对从业人员的要求和职业培训教学规律。

《国家基本职业培训包（指南包 课程包）——美发师（试行）》是在各有关专家的共同努力下完成的。参加编写的主要人员有：陈林声、马祥银、刘金华；参加审定的人员有：陈勇、胡纪纬、曾大龙、郭祥。在编制过程中得到了上海市职业技能鉴定中心、上海美发美容行业协会、上海市第二轻工业学校、上海永琪美发美容技能培训学校等有关单位的大力支持，在此一并致谢。

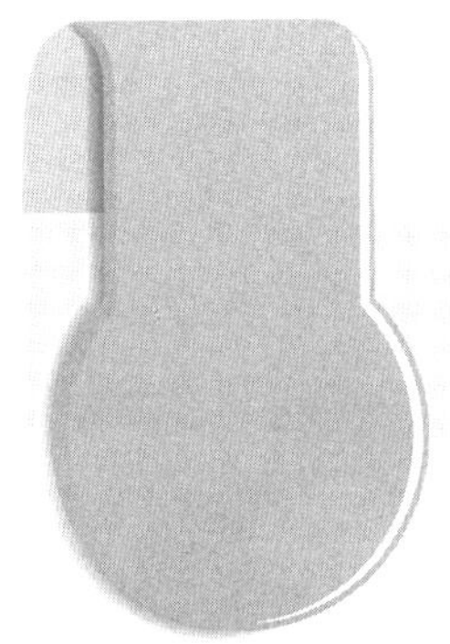

目录

1 指南包

2 课程包

1 指南包

1.1 职业培训包使用指南

1.1.1 职业培训包结构与内容

美发师职业培训包由指南包、课程包、资源包三个子包构成，结构下图所示。

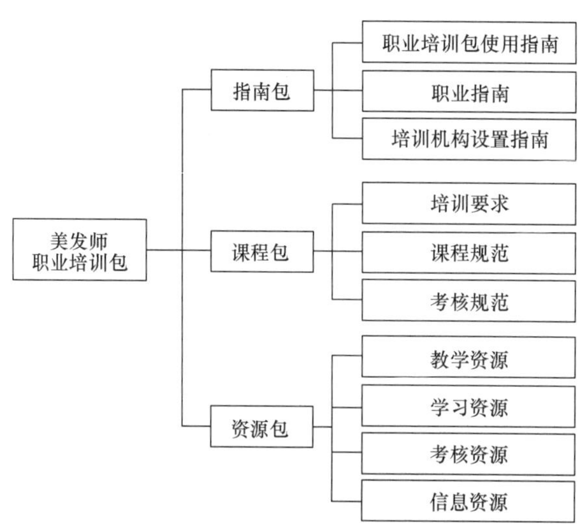

职业培训包结构图

指南包是指导培训机构、培训教师与学员使用职业培训包进行职业培训的服务性内容总合，包括职业培训包使用指南、职业指南和培训机构设置指南。职业培训包使用指南是培训教师与学员了解职业培训包内容、选择培训课程、使用培训资源的说明性文本；职业指南是对职业信息的概述；培训机构设置指南是对培训机构开展职业培训提出的具体要求。

课程包是培训机构与教师实施职业培训、培训学员接受职业培训必须遵守的规范总合，包括培训要求、课程规范、考核规范。培训要求是参照国家职业技能标准、结合职业岗位工作实际需求制定的职业培训规范。课程规范是依据培训要求、结合职业培训教学规律，对课程设置、课堂学时、课程内容与培训方法等所做的统一规定。考核规范是针对课程规范中所规定的课程内容开发的，能够科学评价培训学员过程性学习效果与终结性培训成果的规则，是客观衡量培训学员职业基本素质与职业技能水平的标准，也是实施职业培训过程性与终结性考核的依据。

资源包是依据课程包要求，基于培训学员特征，遵循职此培训教学规律，应用先进职业培训课程理念，开发的多媒介、多形式的职业培训与考核资源总合，包括教学资源、学习资源、考核资源和信息资源。教学资源是为培训教师组织实施职业培训教学活动提供的相关资源；学习资源是为培训学员学习职业培训课程提供的相关资源；考核资源是为培训机构和教师实施职业培训考核提供的相关资源；信息资源是为培训教师和学员拓展视野提供的体现科技进步、职业发展的相关动态资源。

1.1.2 培训课程体系介绍

美发师职业培训课程体系依据职业技能等级分为职业基本素质培训课程、五级/初级工职业技能培训课程、四级/中级工职业技能培训课程、三级/高级工职业技能培训课程、二级/技师职业技能培训课程和一级/高级技师职业技能培训课程，每一类课程包含模块、课程和学习单元三个层级。美发师职业培训课程体系均源自本职业培训包课程包中的课程规范，以学习单元为基础，形成职业层次清晰、内容丰富的“培训课程超市”。

美发师职业培训课程学时分配一览表

职业技能等级	课堂学时		其他学时	培训总学时
	职业基本素质培训课程	职业技能培训课程		
	学时数	学时数	学时数	
五级/初级工	50	160	100	310
四级/中级工	50	140	80	270
三级/高级工	40	120	60	220
二级/技师	20	120	40	180
一级/高级技师	20	100	20	140

注：课堂学时是指培训机构开展的理论课程教学及实操课程教学的建议最低学时数，其中职业基本素质培训课程为理论知识培训课程，职业技能培训课程包含理论知识和操作技能培训课程。除课堂学时外，培训总学时还应包括岗位实习、现场观摩、自学自练等其他学时。

（1）职业基本素质培训课程

模块	课程	学习单元	课堂学时
1. 美发师职业认知与职业道德	1-1 美发师职业认知	美发师职业认知	1
	1-2 美发师职业道德与职业守则	美发师职业道德与职业守则	1

续表

模块	课程	学习单元	课堂学时
2. 美发发展简史	2-1　我国美发发展简史	我国美发发展简史	1
	2-2　国际美发发展简史	国际美发发展简史	1
3. 美发服务管理知识	3-1　美发服务接待	美发服务接待程序和方法	1
	3-2　美发岗位责任	美发岗位责任	3
	3-3　服务规范及规章制度	服务规范与规章制度	1
	3-4　公共关系基本知识	美发企业公共关系	1
4. 美发行业卫生知识	4-1　美发环境卫生	美发环境卫生	1
	4-2　美发师个人卫生	美发师个人卫生与形象	
5. 美发相关人体生理基本知识	5-1　头部骨骼基本常识	（1）人体各部位名称与骨骼标志划分知识	2
		（2）头部骨骼知识	
	5-2　人体肌肉、皮肤基本常识	头、面、颈、肩肌肉与皮肤基本常识	1
	5-3　毛发生理知识	毛发知识	1
	5-4　头发日常保养与护理知识	头发护理	1
6. 脸型、头型、身材知识	6-1　脸型知识	脸型分类与特征	1
	6-2　头型、身材知识	头型、身材的分类与特征	2
	6-3　发型结构知识	发型结构知识	1
7. 按摩基础知识	7-1　按摩原理及用品用具	（1）按摩的原理与应用	1
		（2）按摩用具与用品	1
	7-2　按摩常用手法	按摩常用手法	2
	7-3　人体经络穴位及保健作用	头面部、肩颈部经络穴位保健	2
8. 美发工具、用品及仪器的维护保养知识	8-1　美发工具、用品知识	美发工具、用品的种类、性能与用途	1
	8-2　美发仪器知识	美发仪器的种类、性能与用途	1
	8-3　美发工具及仪器的维护保养	美发工具及仪器的维护保养	1

续表

模块	课程	学习单元	课堂学时
9. 美发化学用品知识	9-1 美发洗护用品	洗护用品的种类、性能与用途	2
	9-2 美发烫发、染发、漂发用品	（1）烫发剂的种类、性能与作用	2
		（2）染发剂的种类、性能与作用	
		（3）漂发剂的种类、性能与作用	
	9-3 美发造型用品	美发造型用品	2
10. 色彩知识	10-1 色彩的构成及功能	色的概念与功能	2
	10-2 调配色彩基本常识	色彩调配常识	1
	10-3 色调的选择	色调的选择方法	2
11. 发型素描知识	11-1 素描常识	素描基本知识	3
	11-2 素描线条	素描线条	2
	11-3 发型素描	发型素描	3
12. 发型美学基本概念	12-1 发型美学基础	发型美的本质、特征及形态风格	2
课堂学时合计			50

注：本表所列为五级 / 初级工职业基本素质培训课程，其他等级职业基本素质培训课程按“美发师职业培训课程学时分配一览表”中相应的课堂学时要求进行必要的调整。

（2）五级 / 初级工职业技能培训课程

模块	课程	学习单元	课堂学时
1. 工作准备	1-1 工具、用品准备	（1）美发工具、用品的检查、清洁与消毒	4
		（2）美发操作用品、物品的准备	4
	1-2 工作环境的准备	（1）调整服务环境	2
		（2）清扫发屑、整理工作环境	3
2. 接待服务	2-1 接待礼仪	（1）美发师仪容仪表及规范礼貌用语	4
		（2）美发接待规范	2
	2-2 服务介绍	美发服务项目	6

续表

模块	课程	学习单元	课堂学时
3. 洗发与按摩	3-1　洗发	（1）发质分类与洗发用品选用	2
		（2）洗发操作	3
		（3）洗后护发	3
		（4）冲净头发，毛巾包头	2
	3-2　按摩	（1）头部按摩	5
		（2）颈部、肩部按摩	5
4. 发型制作	4-1　修剪	（1）剪发工具的使用	6
		（2）男式基本发型分类与基本操作方法	14
		（3）女式生活类短发的修剪方法	13
	4-2　烫发	（1）烫发卷杠	3
		（2）烫发操作	3
		（3）烫发质量判断	4
	4-3　吹风造型	（1）吹风操作的基本方法和程序	3
		（2）男式发型吹风操作程序、操作技巧和质量标准	3
		（3）男式有色调发型的吹风造型	14
		（4）女式发型的吹风造型	14
		（5）电卷棒、电夹板造型操作	5
		（6）脸型、头型特点与造型手法	5
5. 染发	5-1　白发染黑	（1）染发基本知识	2
		（2）白发染黑操作	5
	5-2　染深	染深操作	5
6. 头皮与头发护理	6-1　头皮护理	（1）头皮护理用品	4
		（2）头皮护理操作	5
	6-2　头发护理	（1）头发护理用品	5
		（2）头发护理操作	2
课堂学时合计			160

（3）四级 / 中级工职业技能培训课程

模块	课程	学习单元	课堂学时
1. 接待服务	1-1　服务前的沟通	与顾客进行服务前的沟通	4
	1-2　咨询服务	（1）顾客发质状况的咨询服务	3
		（2）常用美发用品的咨询服务	2
		（3）推荐发型的咨询服务	2
2. 发型制作	2-1　修剪	（1）削刀削发	10
		（2）推剪男式发型	8
		（3）修剪女式发型	8
		（4）修剪工具的维护和保养	4
	2-2　烫发	（1）选择烫发剂和卷杠排列方法	4
		（2）判断卷发效果及补救措施	4
		（3）烫前、烫后的护理操作	3
		（4）操作热能烫设备	2
	2-3　吹风造型	（1）使用固发、饰发用品造型	2
		（2）梳刷工具与吹风机的配合制作发型	3
		（3）男式有缝、无缝色调发型的吹风造型	10
		（4）女式多种层次发型的吹风造型	10
3. 剃须修面	3-1　剃须修面前的工作准备	（1）磨、趟剃刀	4
		（2）清洁面部皮肤	3
	3-2　剃须	（1）绷紧皮肤的手法	5
		（2）剃须修面	10
4. 染发	4-1　材料选择	（1）选择染发剂	4
		（2）选用染膏与双氧乳	4
	4-2　染发操作	（1）染发剂调配	3
		（2）染发剂涂放	4
		（3）染后护理	3
5. 接发与假发操作	5-1　接发操作与调整	（1）接发材料选用	2
		（2）接发操作	4
		（3）接发调整	2
	5-2　假发操作与调整	（1）假发洗护	2
		（2）假发修剪	3
		（3）假发吹风造型	3
		（4）假发混合造型	5
课堂学时合计			140

（4）三级 / 高级工职业技能培训课程

模块	课程	学习单元	课堂学时
1. 发型设计	1-1　设计构思	发型设计构思	3
	1-2　发型素描	（1）脸型、五官素描	5
		（2）发型轮廓素描	2
		（3）发型设计素描	2
2. 发型制作	2-1　修剪	（1）男发修剪	8
		（2）波浪式发型修剪	12
	2-2　烫发	（1）卷杠、工具与卷杠手法的选择	2
		（2）现代烫发新工艺的操作	5
	2-3　造型	（1）经典波浪式发型造型	10
		（2）盘发、包发、束发、编发造型	8
		（3）发片造型	4
3. 剃须修面	3-1　剃须	（1）修剃络腮胡须	5
		（2）修剃多种特殊胡须	7
	3-2　修面	（1）多种刀法修面	7
		（2）“七十二刀半”修面	10
4. 漂发与染发	4-1　漂发与染发的选择	漂发与染发选择	10
	4-2　漂发与染发操作	（1）漂色剂调配	6
		（2）局部染操作	4
		（3）涂放漂色剂、染发剂及着色	5
		（4）漂发、染发护理	5
课堂学时合计			120

（5）二级 / 技师职业技能培训课程

模块	课程	学习单元	课堂学时
1. 整体设计	1–1　发型设计	（1）发型美学知识	3
		（2）发型的外形设计方法	3
		（3）发型的内形设计方法	2
		（4）发型设计案例	3
	1–2　发型绘制	（1）发型素描图	4
		（2）发型结构图	3
	1–3　化妆	（1）化妆的概念与分类	1
		（2）化妆用品、用具的选择与使用	3
		（3）化妆与脸型	5
		（4）基本妆的化妆技术	4
		（5）生活妆的化妆技术	4
	1–4　形象设计	（1）整体形象设计要素	6
		（2）整体形象设计案例	8
2. 发型制作	2–1　修剪	（1）不同风格发型的修剪	10
		（2）不同修剪手法与技巧	3
		（3）运用剪切口（刀口）角度变化修剪发型	2
		（4）发型动态方向的调整方法	2
		（5）看图修剪	4
	2–2　造型	（1）婚礼、宴会、舞会发型造型	5
		（2）直发、曲发组合造型	4
		（3）发饰制作	2
		（4）看图造型（复制）	4
		（5）男士古典发型造型	4
	2–3　漂发与染发的色彩调整	（1）多种漂、染技术的运用	3
		（2）头发颜色调整	3
3. 胡髭与胡须修饰	3–1　胡髭修饰与造型	胡髭的修饰与造型	7
	3–2　胡须修饰与造型	胡须的修饰与造型	8
4. 培训与管理	4–1　培训指导	（1）培训与指导	3
		（2）培训教案的编写	2
		（3）撰写专业技术小结	2
	4–2　技术管理	（1）员工沟通技巧	2
		（2）服务质量评估与改进	1
课堂学时合计			120

（6）一级 / 高级技师职业技能培训课程

模块	课程	学习单元	课堂学时
1. 整体设计	1–1　发型设计	（1）艺术观赏发型设计制作	4
		（2）主题系列创意发型设计制作	4
		（3）整体形象设计	5
	1–2　发型绘制	（1）三维立体素描技法	5
		（2）计算机发型绘制	5
	1–3　化妆	（1）新娘妆的化妆技术	7
		（2）晚宴妆的化妆技术	7
2. 发型制作	2–1　造型	（1）时代潮流发型和地区风格发型的修剪与造型	5
		（2）一发多变的方法和技巧	5
		（3）美发技法革新	7
		（4）看图创意造型（复制 + 创意）	6
	2–2　漂发与染发流行趋势预测	（1）流行色与流行色彩趋势预测	4
		（2）漂发、染发设计	6
3. 培训与管理	3–1　培训指导	（1）培训与指导	6
		（2）PPT 课件制作	4
		（3）专业技术论文的撰写	8
	3–2　经营管理	（1）美发企业的市场拓展	6
		（2）美发企业经营管理活动	6
课堂学时合计			100

1.1.3　培训课程选择指导

职业基本素质培训课程为必修课程，相当于本职业的入门课程。各级别职业技能培训课程由培训机构教师根据培训学员实际情况，遵循高级别涵盖低级别的原则进行选择。

原则上，初入职的培训学员应学习职业基本素质培训课程和初级职业技能培训课程的全部内容，有职业技能等级提升需求的培训学员，可按照国家职业技能标准的“鉴定要求”，对照自身需求选择更高等级的培训课程。

具有一定从业经验、无职业技能等级晋升要求的培训学员，可根据自身实际情况自主选择本职业培训课程。具体方法为：（1）选择课程模块；（2）在模块中筛选课程；（3）在课程中筛选学习单元；（4）组合成本次培训的整个课程。

培训教师可以根据以上方法对培训学员进行单独指导。对于订单培训，培训教师可以按照如上方法，对照订单要求进行培训课程的选择。

1.2 职业指南

1.2.1 职业描述

美发师是根据顾客的头型、脸型、发质要求，为其设计、修剪、制作发型的人员。

美发师从事的工作主要包括：（1）洗发、修剪；（2）吹风、梳理；（3）烫发、染发、漂发；（4）进行肩、颈、头部按摩；（5）净面；（6）护发、固发；（7）束发造型；（8）整理发型。

1.2.2 职业培训对象

美发师职业培训的对象主要包括：城乡未继续升学的应届初高中毕业生、农村转移就业劳动者、城镇登记失业人员、转岗转业人员、退役军人、美发企业在职职工和中等职业院校、高校毕业生等各类有培训需求的人员。

1.2.3 就业前景

美发师的工作岗位有：服务接待、洗护助理、烫染助理、美发师、美发经理、技术总监。

1.3 培训机构设置指南

1.3.1 师资配备要求

（1）培训教师任职基本条件

1）培训五级 / 初级工、四级 / 中级工、三级 / 高级工美发师的教师应具备本职业二级 / 技师职业资格证书、二级 / 技师技能等级认证或相关专业技术职务任职资格。

2）培训美发师二级 / 技师、一级 / 高级技师的教师应具备本职业一级 / 高级技师职业资格证书、高级技师技能等级认证或相关专业技术职务任职资格。

（2）培训教师数量要求（以 30 人培训班为基准）

1）理论课教师：1 人以上；培训规模超过 30 人的，按教师与学员之比不低于 1∶30 配备教师。

2）实习指导教师：1 人以上；培训规模超过 30 人的，按教师与学员之比不低于 1∶30 配备教师。

1.3.2 培训场所设备配置要求

培训场所设备配置要求如下（以 30 人培训班为基准）：

（1）理论知识培训场所设备配置要求：60 ～ 80 m^2 标准教室，多媒体教学设备（计算机、投影仪、幕布或显示屏、网络接入设备、音响设备）、黑板、30 套以上桌椅，符合照明、通风、安全等相关规定。

（2）操作技能培训场所设备配要求：实习工位充足，设备设施配套齐全，符合环保、劳保、安全、卫生、消防、通风和照明等相关规定及安全规程。美发师五级 / 初级工、四级 / 中级工、三级 / 高级工、二级 / 技师、一级 / 高级技师培训均应配置物品准备和美发技能两个操作场所或功能区。

实训用美发设备、工具、用具以及其他用品、材料等配置要求如下：

等级	美发师实训使用的设备、工具、用具以及其他用品、材料配置要求 （说明：高级别实训设备配置物品包含低级别内容，因此表中五级 / 初级工以上级别实训设备、工具、用具及其他用品、材料仅为对应低级别配置中新增内容）		
	设备、工具	用具	其他用品、材料
五级 / 初级工	1. 与实训工位数相配套的美发座椅、支架、镜台、洗发盆、洗发椅、工具车 2. 电推剪、剪刀、牙剪、剃刀、一次性剃刀、剪发用大号发梳、中号发梳、薄型小抄梳 3. 烫发杠、插针、尖尾梳、烫发工具车 4. 大吹风烘发机、红外线加热机、有声吹风机、无声吹风机、吹风排骨刷、滚刷、钢丝刷、九行刷、粗齿梳 5. 调色碗、试剂秤、计时器、染发刷、染发工具车	1. 美发师工作服、大围布、中围布、小围布、洗发用干毛巾、剪发用干毛巾、烫发围布、染发围布、烫发用干毛巾、染发专用毛巾、口罩、垫背 2. 粉扑、掸刷、喷水壶、尖嘴壶、发夹、后视镜 3. 烫发杠、围垫盆、塑料帽 4. 染发手套、护耳套	1. 围颈纸、干爽粉、护肤霜 2. 洗发液、护发素、护发水 3. 碱性冷烫剂、微碱性冷烫剂、酸性冷烫剂、中和剂、热能烫发剂、烫发衬纸、棉条、橡皮筋 4. 染膏、双氧乳、一次性手套、漂粉、锡纸、隔离霜、保鲜膜 5. 护肤霜、剃须泡 6. 发油、发乳、发蜡、焗油膏、毛鳞片、发胶、啫喱水（膏）、发雕、发泥 7. 8 英寸教习头模、16 英寸教习头模

续表

四级 / 中级工	热能烫机器、离子烫发夹	1. 电热帽、热能烫用品 2. 调色碗、试剂秤、计时器 3. 橡皮碗、胡刷、热毛巾盛器、磨刀石 4. 接发工具	1.离子烫发剂、烫发养护用品 2. 染发养护用品 3. 接发发束、假发片、小发夹
三级 / 高级工	化烫加热机、定位夹、电棒卷、电夹板	素描画板、削笔刀	1. 发饰品 2. 素描铅笔、素描纸、橡皮
二级 / 技师	——	化妆笔、化妆刷	化妆用品
一级 / 高级技师实训用设备配置与二级 / 技师配置一致			

1.3.3　教学资料配备要求

（1）培训规范：《美发师国家职业技能标准》《美发师职业基本素质培训要求》《美发师职业技能培训要求》《美发师职业基本素质培训课程规范》《美发师职业技能培训课程规范》《美发师职业基本素质培训考核规范》《美发师职业技能培训理论知识考核规范》《美发师职业技能培训操作技能考核规范》。

（2）教学资源、教材教辅、网络资源等内容必须符合“（1）培训规范”。

1.3.4　管理人员配备要求

（1）专职校长：1 人，应具有大专及以上文化程度、四级 / 中级工及以上专业技术职务任职资格，从事职业技术教育及教学管理 5 年以上，熟悉职业培训的有关法律法规。

（2）教学管理人员：1 人以上，专职不少于 1 人；应具有大专及以上文化程度、四级 / 中级工及以上专业技术职务任职资格，从事职业技术教育及教学管理 5 年以上，具有丰富的教学管理经验。

（3）办公室人员：1 人以上，应具有大专及以上文化程度。

（4）财务管理人员：2 人，应具有大专及以上文化程度。

1.3.5　管理制度要求

应建立健全完备的管理制度，包括办学章程与发展规划、教学管理、教师管理、学员管理、财务管理、设备管理等制度。

2

课程包

2.1 培训要求

2.1.1 职业基本素质培训要求

职业基本素质模块	培训内容	培训细目
1. 美发师职业认知与职业道德	1-1 美发师职业认知	（1）美发师职业简介 （2）美发师工作内容 （3）美发师职业规划
	1-2 美发师职业道德与职业守则	（1）美发师职业道德 （2）美发师职业守则
2. 美发发展简史	2-1 我国美发发展简史	（1）我国美发发展历史 （2）我国美发现状 （3）我国美发发展前景
	2-2 国际美发发展简史	（1）国际美发发展历史 （2）国际美发现状 （3）国际美发发展前景
3. 美发服务管理知识	3-1 美发服务接待	（1）服务接待程序 （2）服务接待方法
	3-2 美发岗位责任	（1）美发岗位划分 （2）美发岗位责任
	3-3 服务规范及规章制度	（1）服务规范 （2）规章制度
	3-4 公共关系基本知识	（1）公共关系知识 （2）美发企业公共关系的任务
4. 美发行业卫生知识	4-1 美发环境卫生	（1）店容店貌 （2）环境卫生
	4-2 美发师个人卫生	（1）个人卫生 （2）个人形象
5. 美发相关人体生理基本知识	5-1 头部骨骼基本常识	（1）人体各部位名称、术语 （2）人体骨骼标志划分 （3）头部骨骼的构成

续表

职业基本素质模块	培训内容	培训细目
5. 美发相关人体生理基本知识	5–2　人体肌肉、皮肤基本常识	（1）头、面、颈、肩肌肉 （2）皮肤
	5–3　毛发生理知识	（1）毛发的结构 （2）毛发生理基本常识
	5–4　头发日常保养与护理知识	（1）头发日常保养的重要性 （2）头发日常保养与护理
6. 脸型、头型、身材知识	6–1　脸型知识	（1）脸型分类 （2）脸型特征
	6–2　头型、身材知识	（1）头型分类 （2）头型特征 （3）身材分类 （4）身材特征
	6–3　发型结构知识	（1）发型分类 （2）发型结构
7. 按摩基础知识	7–1　按摩原理及用品用具	（1）按摩原理 （2）美发行业的按摩应用 （3）按摩用具及使用注意事项 （4）按摩用品及使用注意事项
	7–2　按摩常用手法	（1）按摩手法的种类及其作用 （2）按摩注意事项
	7–3　人体经络穴位及保健作用	（1）头面部经络穴位 （2）肩颈部经络穴位 （3）经络穴位定位常用方法
8. 美发工具、用品及仪器的维护保养知识	8–1　美发工具、用品知识	（1）美发工具的种类、性能与用途 （2）美发用品的种类、性能与用途
	8–2　美发仪器知识	（1）美发仪器的种类 （2）美发仪器的性能与用途
	8–3　美发工具及仪器的维护保养	（1）电学基本知识 （2）美发电器的结构 （3）美发工具及仪器的维护保养

续表

职业基本素质模块	培训内容	培训细目
9. 美发化学用品知识	9–1　美发洗护用品	（1）洗护用品的种类 （2）洗发用品的成分与用途 （3）护发用品的成分与用途
	9–2　美发烫发、染发、漂发用品	（1）烫发剂的种类、性能与作用 （2）染发剂的种类、性能与作用 （3）漂发剂的种类、性能与作用
	9–3　美发造型用品	（1）美发造型用品的种类 （2）美发造型用品的性能与作用
10. 色彩知识	10–1　色彩的构成及功能	（1）色彩的构成 （2）色彩的功能 （3）色彩与物体 （4）色彩的分类
	10–2　调配色彩基本常识	（1）三原色 （2）邻近色 （3）相对色
	10–3　色调的选择	（1）色调知识 （2）选择色调 （3）色板、染膏颜色代码
11. 发型素描知识	11–1　素描常识	（1）素描的分类 （2）素描的工具及用品 （3）美发素描的作用
	11–2　素描线条	（1）各种线条的运用原理 （2）各种线条的表现手法 （3）明暗调子的形成
	11–3　发型素描	（1）发型素描的基本方法 （2）发型素描的注意事项
12. 发型美学基本概念	12–1　发型美学本质和特征	（1）发型美的本质 （2）发型美的特征
	12–2　发型美的应用	（1）发型美的形态风格 （2）现代发型形式美法则的应用

2.1.2 五级 / 初级工职业技能培训要求

<table>
<tr><th>职业功能模块</th><th>培训内容</th><th>技能目标</th><th>培训细目</th></tr>
<tr><td rowspan="4">1. 工作准备</td><td rowspan="2">1-1 工具、用品准备</td><td>1-1-1 能检查美发工具可否正常使用，能对美发工具进行清洁、消毒</td><td>（1）能检查剪发工具可否正常使用
（2）能检查烫发、染发工具可否正常使用
（3）能检查吹风造型工具可否正常使用
（4）能检查剃须修面工具可否正常使用
（5）能对常用美发工具进行清洁与消毒
（6）能对常用美发工具进行保养</td></tr>
<tr><td>1-1-2 能为美发操作准备用品、物品</td><td>（1）能准备各类美发围布、毛巾
（2）能准备洗发用品、护发用品、造型用品及饰品</td></tr>
<tr><td rowspan="2">1-2 工作环境的准备</td><td>1-2-1 能根据顾客需要调整服务环境</td><td>（1）能做好美发服务环境卫生工作
（2）能布置好美发服务环境</td></tr>
<tr><td>1-2-2 能清扫发屑、整理工作环境</td><td>（1）能及时清扫发屑
（2）能及时整理工作环境</td></tr>
<tr><td rowspan="4">2. 接待服务</td><td rowspan="2">2-1 接待礼仪</td><td>2-1-1 能用规范、礼貌用语迎送顾客</td><td>（1）能进行仪容、仪表准备
（2）能熟练运用服务规范用语、礼貌用语迎送顾客
（3）能在迎送顾客过程中保持良好的仪态</td></tr>
<tr><td>2-1-2 能根据服务流程妥善安排顾客</td><td>（1）能按美发服务流程接待顾客
（2）能按美发接待流程中的要求妥善安排顾客</td></tr>
<tr><td rowspan="2">2-2 服务介绍</td><td>2-2-1 能向顾客介绍美发服务项目及内容</td><td>能向顾客介绍美发服务项目及相关内容</td></tr>
<tr><td>2-2-2 能根据顾客的服务要求推荐有相应技术专长的美发师</td><td>能为顾客推荐合适的美发师</td></tr>
<tr><td rowspan="3">3. 洗发与按摩</td><td rowspan="3">3-1 洗发</td><td>3-1-1 能鉴别顾客发质类型，并根据顾客的发质推荐相应洗发用品</td><td>（1）能鉴别发质类型
（2）能根据发质特点选择洗发用品</td></tr>
<tr><td>3-1-2 能按规程涂抹洗发液进行洗发，能运用相应手法抓揉头皮</td><td>（1）能按操作程序进行洗发
（2）能按规程涂抹洗发液
（3）能在洗发过程中正确抓揉头皮
（4）能进行洗发止痒</td></tr>
<tr><td>3-1-3 能根据顾客的发质推荐相应护发用品</td><td>（1）能向顾客推荐适合发质的护发用品
（2）能进行护发操作</td></tr>
</table>

续表

职业功能模块	培训内容	技能目标	培训细目
3.洗发与按摩	3-1　洗发	3-1-4　能将洗发液冲洗干净，能用毛巾擦干头发，包裹头发	（1）能正确冲洗头发 （2）能用毛巾擦干、包裹头发
	3-2　按摩	3-2-1　能进行头部按摩	（1）能运用按摩的常用手法进行头部按摩 （2）能按经络走向进行头部按摩
		3-2-2　能进行颈部、肩部按摩	（1）能运用按摩的常用手法进行颈部、肩部按摩 （2）能按经络走向进行颈部、肩部按摩
4.发型制作	4-1　修剪	4-1-1　能使用电推剪、剪刀、牙剪（锯齿剪）、剪发梳等美发工具进行修剪	（1）能使用电推剪进行推剪 （2）能使用剪刀进行修剪 （3）能使用牙剪（锯齿剪）进行削剪 （4）能使用剪发梳配合修剪
		4-1-2　能推剪男式有色调发型	（1）能进行男式长发类有色调发型推剪 （2）能进行男式中长发有色调发型推剪 （3）能进行男式短长式有色调发型推剪
		4-1-3　能修剪女式生活类发型，能进行发型发量的调整	（1）能进行固体型层次发型的修剪 （2）能进行均等层次发型的修剪 （3）能进行边沿层次发型的修剪 （4）能进行渐增层次发型的修剪 （5）能进行发型发量调整
	4-2　烫发	4-2-1　能根据发型式样要求选择适合的卷发杠，能按照标准卷杠法进行卷杠	（1）能根据发型要求选择合适的卷发杠 （2）能进行标准卷杠法的卷杠操作
		4-2-2　能按顺序均匀涂放烫发剂、中和剂，能根据发质条件及发型制作要求确定涂放烫发剂、中和剂的停放时间	（1）能正确涂放烫发剂、中和剂 （2）能控制烫发剂、中和剂的停放时间
		4-2-3　能按要求试卷头发，能在烫发后将烫发剂、中和剂冲洗干净	（1）能按烫发操作程序进行操作 （2）烫发后能将烫发剂、中和剂冲洗干净
	4-3　吹风造型	4-3-1　能根据发质条件和发型造型要求选择吹风机及梳刷工具	（1）能根据发型条件和造型要求选择吹风机和梳理工具 （2）能进行吹风梳理
		4-3-2　能控制吹风机的温度、风力、送风时间和角度，对头发进行吹风造型	（1）能运用吹风梳理操作技巧进行男式发型吹风 （2）能按男式吹风梳理的质量标准进行男式发型的吹风

续表

职业功能模块	培训内容	技能目标	培训细目
4. 发型制作	4-3 吹风造型	4-3-3 能进行男式有色调发型的吹风造型	（1）能进行男式分头路发型的吹风造型 （2）能进行男式无头路斜向后发型的吹风造型
		4-3-4 能进行女式生活类发型的吹风造型	（1）能在吹风操作中正确使用梳刷方法 （2）能进行女式生活类发型的吹风造型
		4-3-5 能使用电卷棒、电夹板造型	（1）能使用电卷棒进行造型 （2）能使用电夹板进行造型
		4-3-6 能运用造型手法塑造发型	（1）能根据脸型、头型特点塑造发型 （2）能运用造型手法塑造发型
5. 染发	5-1 白发染黑	5-1-1 能进行白发染黑前的皮肤过敏测试，能根据顾客发质状况，调配白发染黑的染发剂	（1）能进行白发染黑前的皮肤过敏测试 （2）能进行白发染黑操作
		5-1-2 能涂放染发剂，并确定停放时间；染发后能将染发剂冲洗干净	（1）能控制染发剂的停放时间 （2）能将染发剂冲洗干净
	5-2 染深	5-2-1 能进行染深前的皮肤过敏测试，能根据顾客发质状况调配浅发染深的染发剂	（1）能进行染深前的皮肤过敏测试 （2）能进行浅发染深操作
		5-2-2 能涂放染发剂，并确定停放时间，能在染发后将染发剂冲洗干净	（1）能控制染深染发剂的停放时间 （2）能将染发剂冲洗干净
6. 头皮与头发护理	6-1 头皮护理	6-1-1 能根据头皮情况选择护理用品	（1）能根据不同头皮情况选择养护用品 （2）能按程序进行头皮养护操作
		6-1-2 能进行头皮护理操作，能在头皮护理后将护理用品冲洗干净	（1）能进行头皮护理操作 （2）能在头皮护理后将护理用品冲洗干净
	6-2 头发护理	6-2-1 能根据发质情况选择护发用品	能根据顾客发质情况选择护发用品
		6-2-2 能根据护发用品特征进行涂放操作，能在护发后将护发用品冲洗干净	（1）能进行发质护理操作 （2）能在护发后将护理用品冲洗干净

2.1.3　四级 / 中级工职业技能培训要求

职业功能模块	培训内容	技能目标	培训细目
1. 接待服务	1–1　服务前的沟通	1–1–1　能与顾客沟通	（1）能观察顾客对服务项目的心理反应 （2）能对顾客的发型设计个性需求做出正确的评价，并进行相应介绍 （3）能合理选择顾客易于接受的沟通方式 （4）能对沟通中的不良状况即时调整，杜绝不该出现的问题
		1–1–2　能了解顾客的心理需求	能了解顾客的心理需求并做好接待服务
	1–2　咨询服务	1–2–1　能了解顾客发质状况	（1）能通过视觉、触觉等方法了解顾客发量和发质状况 （2）能归纳顾客所提供的头发状况信息
		1–2–2　能介绍美发用品的功能及特点	（1）能介绍洗发、护发、固（饰）发、烫发、漂发、染发等美发用品的性能及特征 （2）能对美发用品进行质量鉴别
		1–2–3　能根据发质条件推荐适合的发型	（1）能判断顾客发质条件 （2）能根据顾客发质条件推荐适合的发型
2. 发型制作	2–1　修剪	2–1–1　能用削刀进行削发操作	（1）能采用全口刀法进行削发 （2）能采用半口刀法进行削发 （3）能采用点刀法进行削发
		2–1–2　能推剪男式有缝发型、无缝色调发型、毛寸发型	（1）能推剪男式有缝发型 （2）能推剪男式无缝色调发型 （3）能推剪男式毛寸发型
		2–1–3　能修剪女式多种层次发型	（1）能修剪女式斜分刘海中长碎发 （2）能修剪女式旋转式短发 （3）能修剪女式中分短发 （4）能修剪女式翻翘式短发
		2–1–4　能对修剪工具进行维护和保养	能对剪刀、削刀、牙剪、电推剪等进行维护和保养

续表

职业功能模块	培训内容	技能目标	培训细目
2. 发型制作	2-2 烫发	2-2-1 能根据发质特性、发型特征，选择烫发剂和卷杠排列方法	（1）能判断烫发前的发质特性、发型特征 （2）能根据发质特性、发型特征选择烫发剂 （3）能根据发质特性、发型特征选用卷杠排列的方法
		2-2-2 能根据头发卷曲程度判断烫发效果，并对未达标的采取补救措施	（1）能根据头发卷曲程度判断烫发效果 （2）能对头发卷曲程度未达到要求的采取补救措施
		2-2-3 能进行烫前、烫后的护理操作	（1）能进行烫前的护理操作 （2）能进行烫后的护理操作
		2-2-4 能操作热能烫等设备	能对热能烫设备进行操作
	2-3 吹风造型	2-3-1 能使用固发、饰发用品造型	（1）能使用固发用品进行造型 （2）能使用饰发用品进行造型
		2-3-2 能通过梳刷等造型工具与吹风机的配合制作发型	（1）能用梳子与吹风机的配合进行发型制作 （2）能用刷子与吹风机的配合进行造型
		2-3-3 能进行男式有缝、无缝色调发型的吹风造型	（1）能进行男式有缝色调发型的吹风造型 （2）能进行男式无缝色调发型的吹风造型
		2-3-4 能进行女式多种层次发型的吹风造型	（1）能进行女式斜分刘海中长碎发吹风造型 （2）能进行女式旋转式短发吹风造型 （3）能进行女式中分短发吹风造型 （4）能进行女式翻翘式短发吹风造型
3. 剃须修面	3-1 剃须修面前的工作准备	3-1-1 能磨剃刀	（1）能用研磨石磨剃刀 （2）能用趟刀布趟剃刀
		3-1-2 能对面部皮肤进行清洁	能清洁面部皮肤
	3-2 剃须	3-2-1 能采用多种手法绷紧皮肤	（1）能采用张的手法绷紧皮肤 （2）能采用拉的手法绷紧皮肤 （3）能采用捏的手法绷紧皮肤
		3-2-2 能运用多种刀法剃须修面	（1）能运用正手刀进行剃须修面 （2）能运用反手刀进行剃须修面 （3）能运用推刀进行剃须修面

续表

职业功能模块	培训内容	技能目标	培训细目
4. 染发	4-1 材料选择	4-1-1 能根据发质和染发效果要求选择染发剂	（1）能根据发质要求选择染发剂 （2）能根据染发要求选择染发剂 （3）能根据效果要求选择染发剂
		4-1-2 能选用不同型号的染膏与双氧乳	（1）能选用不同型号的染膏 （2）能选用不同型号的双氧乳
	4-2 染发操作	4-2-1 能根据染发色彩要求调色、确定用量比例、调配染发剂	（1）能根据染发色彩要求进行调色 （2）能根据染发色彩要求确定用量比例 （3）能根据染发色彩要求调配染发剂
		4-2-2 能进行同度染、深染浅、盖白发的染发剂涂放	（1）能进行同度染的染发剂涂放 （2）能进行深染浅的染发剂涂放 （3）能进行盖白发的染发剂涂放
		4-2-3 能进行染后护理操作	能对染发后的头发进行护理
5. 接发与假发操作	5-1 接发操作与调整	5-1-1 能根据发质和发型的要求辨别、选择接发材料	（1）能辨别接发材料 （2）能根据发质和发型的要求选择接发材料
		5-1-2 能进行接发操作	（1）能进行胶粘接发操作 （2）能进行扣合接发操作 （3）能进行编织接发操作
		5-1-3 能进行接发调整	（1）能对接发计划进行调整 （2）能对接发状况进行调整
	5-2 假发操作与调整	5-2-1 能进行假发洗护	（1）能对假发进行清洗 （2）能对假发进行护理
		5-2-2 能进行假发修剪	能对假发进行修剪
		5-2-3 能进行假发吹风造型	能对假发进行吹风造型
		5-2-4 能进行假发混合造型	能对假发进行混合造型

2.1.4 三级 / 高级工职业技能培训要求

职业功能模块	培训内容	技能目标	培训细目
1. 发型设计	1-1 设计构思	1-1-1 能通过观察、与顾客交流，根据顾客外形条件了解并确定顾客的需求	能通过与顾客交流，观察顾客外形条件，了解并确定顾客的需求
		1-1-2 能根据顾客的需求，选用合适的设计方案	能选用符合顾客需求的设计方案
	1-2 发型素描	1-2-1 能绘制脸型、五官主要轮廓	（1）能绘制脸型主要素描轮廓 （2）能绘制五官主要素描轮廓
		1-2-2 能绘制发型线条轮廓	（1）能绘制发型的内轮廓 （2）能绘制发型的外轮廓
		1-2-3 能运用素描进行发型设计	能为顾客绘制发型设计素描参考图
2. 发型制作	2-1 修剪	2-1-1 能运用层次组合技法进行发型的修剪	能运用层次组合技法修剪男士发型
		2-1-2 能推剪平头式、圆头式发型	（1）能推剪平头式发型 （2）能推剪圆头式发型
		2-1-3 能修剪经典波浪式发型	（1）能修剪长波浪式发型 （2）能修剪中长波浪式发型 （3）能修剪短波浪式发型
	2-2 烫发	2-2-1 能根据发型设计要求选择卷杠、工具和卷杠手法	（1）能根据发型设计要求选择卷杠、工具 （2）能根据发型设计要求选择卷杠排列、操作手法
		2-2-2 能采用新工艺进行烫发操作	（1）能采用新工艺进行烫发的操作 （2）能解决烫发中的技术问题
	2-3 造型	2-3-1 能进行经典波浪式发型造型	（1）能进行女式经典波浪式长发造型 （2）能进行女式经典波浪式中长发造型 （3）能进行女式经典波浪式短发造型 （4）能进行男式波浪发造型
		2-3-2 能用盘、包、束、编手法进行生活类发型造型	（1）能采用盘的手法进行生活类发型造型 （2）能采用包的手法进行生活类发型造型 （3）能采用束的手法进行生活类发型造型 （4）能采用编的手法进行生活类发型造型
		2-3-3 能进行发片造型	能采用发片进行造型

续表

职业功能模块	培训内容	技能目标	培训细目
3. 剃须修面	3-1 剃须	3-1-1 能修剃络腮胡须	能进行络腮胡须的修剃
		3-1-2 能修剃多种特殊胡须	（1）能修剃螺旋型胡须 （2）能修剃黄褐色胡须
	3-2 修面	3-2-1 能运用削刀法、滚刀法进行修面，并能根据不同部位选择相应刀法进行修面	（1）能采用削刀法进行修面 （2）能采用滚刀法进行修面 （3）能根据顾客的脸部特征选用相应的修面刀法
		3-2-2 能运用“七十二刀半”的方法进行修面	能运用“七十二刀半”的方法进行修面
4. 漂发与染发	4-1 漂发与染发的选择	4-1-1 能根据发型色彩要求进行漂发或染发	（1）能根据发型色彩要求进行漂发 （2）能根据发型色彩要求进行染发
		4-1-2 能进行发色与发质分析，确定目标色	能根据发色与发质确定目标色
		4-1-3 能根据发质选择漂发、染发材料	（1）能根据发质选择漂发材料 （2）能根据发质选择染发材料
	4-2 漂发与染发操作	4-2-1 能调配漂色剂	能进行漂色剂调配
		4-2-2 能进行挑染、线染、片染、层染等操作	（1）能进行挑染操作 （2）能进行线染操作 （3）能进行片染操作 （4）能进行层染操作
		4-2-3 能根据漂发与染发要求确定染发剂涂放方法与停放时间，并能使用染发设备对漂发与染发后的头发进行加热着色	（1）能根据漂发与染发要求确定染发剂涂放方法与停放时间 （2）能使用染发设备对漂发与染发后的头发进行加热着色
		4-2-4 能分析漂发与染发后发质受损状况，选择护发用品	（1）能分析漂发与染发后发质受损状况 （2）能根据发质受损状况选择护发用品

2.1.5 二级 / 技师职业技能培训要求

职业功能模块	培训内容	技能目标	培训细目
1. 整体设计	1-1 发型设计	1-1-1 能设计生活类发型	（1）能运用美发修饰方法进行生活类发型设计 （2）能对发型的外形进行设计 （3）能对发型的内形进行设计
		1-1-2 能设计符合时代潮流的发型	（1）能根据脸型、头型、头发状况设计发型 （2）能按美学规律对时代潮流发型进行设计
	1-2 发型绘制	1-2-1 能画发型素描图	（1）能在发型素描中体现人像素描特点 （2）能处理好发型素描要注意的细节问题
		1-2-2 能画发型分解结构图	（1）能运用头部结构轮廓与发型结构的组合进行绘图 （2）能在绘制中运用层次组合的分配比例
	1-3 化妆	1-3-1 能选择和使用化妆品	（1）能识别和选择化妆用品 （2）能对常用化妆用具进行选择和使用
		1-3-2 能在化妆中运用化妆技巧、面部基本比例，并修正各种脸型	（1）能运用化妆技巧进行各种脸型修正 （2）能在化妆中运用面部的基本比例知识，进行各种脸型修正
		1-3-3 能化基本妆	（1）能化基面妆 （2）能化基点妆
		1-3-4 能配合发型化日常生活妆	能配合发型进行日常生活化妆
	1-4 形象设计	1-4-1 能在设计中体现整体形象设计要素，并运用发型、化妆、服饰的整体搭配知识	（1）能在设计中体现整体形象设计的基本要素 （2）能在设计中运用发型、化妆、服饰的整体搭配知识
		1-4-2 能进行运动风格类、知识女性类、休闲旅游类的形象设计	（1）能进行运动风格类的形象设计 （2）能进行知识女性类的形象设计 （3）能进行休闲旅游类的形象设计

续表

职业功能模块	培训内容	技能目标	培训细目
2. 发型制作	2-1　修剪	2-1-1　能修剪不同风格并富有个性和美感的发型	（1）能对动感类发型进行修剪 （2）能对块面类发型进行修剪 （3）能对对比类发型进行修剪 （4）能对渐变类发型进行修剪 （5）能对创意类发型进行修剪
		2-1-2　能运用不同修剪手法与技巧修剪发型	能运用不同修剪手法与技巧对发型进行修剪
		2-1-3　能运用剪切口（刀口）角度变化修剪发型	能运用剪切口（刀口）角度变化对发型进行修剪
		2-1-4　能调整发型动态方向	能对发型动态方向进行调整
		2-1-5　能根据发型图片进行修剪	能根据图片对发型进行修剪
	2-2　造型	2-2-1　能综合运用各种造型手法，根据不同场合和顾客个性特点，塑造婚礼、宴会、舞会发型	（1）能综合运用各种造型手法，根据不同场合和顾客个性特点塑造婚礼发型 （2）能综合运用各种造型手法，根据不同场合和顾客个性特点塑造宴会发型 （3）能综合运用各种造型手法，根据不同场合和顾客个性特点塑造舞会发型
		2-2-2　能塑造男女直发、曲发组合发型	（1）能塑造男士直发、曲发组合发型 （2）能塑造女士直发、曲发组合发型
		2-2-3　能制作发饰	能进行发饰制作
		2-2-4　能根据图片进行复制造型的操作	能根据图片对发型进行复制造型
		2-2-5　能进行男士古典发型造型	能对男士古典发型进行造型
	2-3　漂发与染发的色彩调整	2-3-1　能运用过渡染、晕染等技术进行漂发、染发操作	（1）能运用过渡染技术进行漂发、染发操作 （2）能运用晕染技术进行漂发、染发操作
		2-3-2　能运用褪色、补色、染色等方法调整发型颜色	（1）能运用褪色方法调整发型颜色 （2）能运用补色方法调整发型颜色 （3）能运用染色方法调整发型颜色
3. 胡髭与胡须修饰	3-1　胡髭修饰	3-1-1　能进行胡髭的修饰	能对胡髭进行修饰
		3-1-2　能进行胡髭的造型	能对胡髭进行造型
	3-2　胡须修饰	3-2-1　能进行胡须的修饰	能对胡须进行修饰
		3-2-2　能进行胡须的造型	能对胡须进行造型

续表

职业功能模块	培训内容	技能目标	培训细目
4. 培训与管理	4-1 培训指导	4-1-1 能对美发师五级 / 初级工、四级 / 中级工、三级 / 高级工进行理论知识培训	能对美发师五级 / 初级工、四级 / 中级工、三级 / 高级工进行理论培训
		4-1-2 能对美发师五级 / 初级工、四级 / 中级工、三级 / 高级工进行技能操作指导	能对美发师五级 / 初级工、四级 / 中级工、三级 / 高级工进行技能操作指导
		4-1-3 能撰写专业技术小结	能进行专业技术小结的撰写
	4-2 技术管理	4-2-1 能与员工沟通	能与员工有效沟通
		4-2-2 能处理经营过程中的服务质量问题	能对服务质量问题进行评估与改进
		4-2-3 能对服务项目进行质量评估并提出改进建议	

2.1.6 一级 / 高级技师职业技能培训要求

职业功能模块	培训内容	技能目标	培训细目
1. 整体设计	1-1 发型设计	1-1-1 能为时尚发布会、推广会等活动设计制作创新艺术发型	（1）能为各类时尚发布会、推广会等活动设计制作创新艺术发型 （2）能针对各类美发技能大赛设计制作创新艺术发型
		1-1-2 能设计制作主题系列发型	能设计制作各类主题系列发型
		1-1-3 能根据顾客自身条件，设计符合不同场合、突出个性的整体形象	（1）能根据顾客自身条件，设计符合不同场合的整体形象 （2）能根据顾客自身条件，设计突出个性的整体形象
	1-2 发型绘制	1-2-1 能根据设计要求画出发型图样	能采用三维立体素描画出发型图样
		1-2-2 能使用计算机进行发型绘制	能进行计算机发型绘制
	1-3 化妆	1-3-1 能化新娘妆	能化各类新娘妆
		1-3-2 能化晚宴妆	能化不同主题晚宴妆

续表

职业功能模块	培训内容	技能目标	培训细目
2. 发型制作	2-1 造型	2-1-1 能修剪具有引领时代潮流和代表一个地区风格的发型	（1）能修剪具有引领时代潮流的发型 （2）能修剪代表一个地区风格的发型
		2-1-2 能进行一发多变发型的梳理造型	能进行经典一发多变发型的梳理造型
		2-1-3 能对修剪工艺技法和造型技法进行革新	（1）能对修剪工艺技法进行革新 （2）能对造型技法进行革新
		2-1-4 能根据图片等素材进行创意造型	能根据图片等素材对发型进行创意造型
	2-2 漂发与染发流行趋势预测	2-2-1 能根据流行色及顾客个性特点，制定漂发与染发方案	（1）能根据流行色进行漂发与染发方案制定 （2）能根据顾客个性特点进行漂发与染发方案制定
		2-2-2 能进行多层次漂发与染发	能进行多层次的漂发与染发
3. 培训与管理	3-1 培训指导	3-1-1 能归纳、总结与美发相关的技术经验	能对与美发相关的技术经验进行归纳和总结
		3-1-2 能制定美发师职业培训计划和授课方案	能对美发师职业培训计划和授课方案进行制定
		3-1-3 能用PPT制作课件	能用PPT对课件进行制作
		3-1-4 能撰写专业技术论文	能对专业技术论文进行撰写
	3-2 经营管理	3-2-1 能分析市场动态	能对市场动态进行分析
		3-2-2 能分析、管理企业的经营活动	能对企业的经营活动进行分析与管理

2.2 课程规范

2.2.1 职业基本素质培训课程规范

模块	课程	学习单元	课程内容	培训建议	课堂学时
1. 美发师职业认知与职业道德	1-1 美发师职业认知	美发师职业认知	1）美发师职业简介 2）美发师工作内容 3）美发师职业规划	（1）方法：讲授法、讨论法 （2）重点与难点：美发师工作内容、美发师职业规划	1
	1-2 美发师职业道德与职业守则	美发师职业道德与职业守则	1）道德与职业道德的概念 2）职业道德的作用 3）美发师职业道德规范 4）美发师职业守则 ①爱国守法、爱岗敬业 ②诚信规范、安全卫生 ③传承弘扬、刻苦钻研 ④坚持匠心、精益求精	（1）方法：讲授法、案例教学法、讨论法 （2）重点与难点：职业道德的作用、美发师职业道德规范	1
2. 美发发展简史	2-1 我国美发发展简史	我国美发发展简史	1）我国美发发展历史 2）我国美发现状 3）我国美发发展前景	（1）方法：讲授法、讨论法 （2）重点与难点：我国美发发展前景	1
	2-2 国际美发发展简史	国际美发发展简史	1）国际美发发展历史 2）国际美发现状 3）国际美发发展前景	（1）方法：讲授法、案例教学法 （2）重点与难点：国际美发发展前景	1
3. 美发服务管理知识	3-1 美发服务接待	美发服务接待程序和方法	1）服务接待程序 ①迎客 ②美发操作 ③送客 2）服务接待方法	（1）方法：讲授法、讨论法 （2）重点与难点：服务接待方法	1

续表

模块	课程	学习单元	课程内容	培训建议	课堂学时
3. 美发服务管理知识	3-2 美发岗位责任	美发岗位责任	1）美发岗位划分 2）美发岗位责任 ①服务接待岗位责任 ②洗护助理岗位责任 ③烫染助理岗位责任 ④美发师岗位责任 ⑤美发经理岗位责任 ⑥技术总监岗位责任	（1）方法：讲授法、讨论法、案例教学法 （2）重点与难点：美发岗位责任	3
	3-3 服务规范要求及规章制度	服务规范与规章制度	1）服务规范 ①技术管理制度 ②服务质量标准 2）规章制度 ①物料领用制度 ②考核分配及奖惩制度 ③员工考勤及岗位责任制 ④员工守则 ⑤卫生制度	（1）方法：讲授法、讨论法、案例教学法 （2）重点与难点：服务质量标准	1
	3-4 公共关系基本知识	美发企业公共关系	1）公共关系的概念 2）美发企业公共关系的任务 ①在公众中树立良好的企业形象 ②做好对外宣传和沟通工作	（1）方法：讲授法、讨论法、案例教学法 （2）重点与难点：美发企业公共关系的任务	1
4. 美发行业卫生知识	4-1 美发环境卫生	美发环境卫生	1）店容店貌要求 2）环境卫生要求 ①室内空气卫生 ②室内环境整洁 3）设备、工具、洁具、用品清洁消毒	（1）方法：讲授法、讨论法、案例教学法 （2）重点与难点：环境卫生要求	1
	4-2 美发师个人卫生	美发师个人卫生与形象	1）个人卫生要求 2）个人形象要求 ①个人仪表 ②个人仪容	（1）方法：讲授法、讨论法、案例教学法 （2）重点与难点：个人卫生和个人形象要求	

续表

<table>
<tr><th>模块</th><th>课程</th><th>学习单元</th><th>课程内容</th><th>培训建议</th><th>课堂学时</th></tr>
<tr><td rowspan="9">5. 美发相关人体生理基本知识</td><td rowspan="3">5-1 头部骨骼基本常识</td><td>（1）人体各部位名称与骨骼标志划分知识</td><td>1）人体各部位名称、术语
2）人体骨骼标志划分
①颅骨
②躯干
③上肢
④下肢</td><td rowspan="3">（1）方法：讲授法、案例教学法
（2）重点与难点：头部骨骼、人体骨骼标志划分</td><td rowspan="3">2</td></tr>
<tr><td rowspan="2">（2）头部骨骼知识</td><td>1）脑颅的构成</td></tr>
<tr><td>2）面颅的构成</td></tr>
<tr><td rowspan="2">5-2 人体肌肉、皮肤基本常识</td><td rowspan="2">头、面、颈、肩肌肉与皮肤基本常识</td><td>1）头、面、颈、肩肌肉的结构
① 头部肌肉的结构
②面部肌肉的结构
③颈部肌肉的结构
④肩部肌肉的结构</td><td rowspan="2">（1）方法：演示法、讲授法、讨论法
（2）重点与难点：头、面、颈、肩肌肉的结构</td><td rowspan="2">1</td></tr>
<tr><td>2）皮肤的结构</td></tr>
<tr><td rowspan="2">5-3 毛发生理知识</td><td rowspan="2">毛发知识</td><td>1）毛发的结构</td><td rowspan="2">（1）方法：讲授法、讨论法、案例教学法
（2）重点与难点：毛发生理基本常识</td><td rowspan="2">1</td></tr>
<tr><td>2）毛发生理基本常识
① 表皮层
②皮质层
③ 髓质层</td></tr>
<tr><td rowspan="3">5-4 头发日常保养与护理知识</td><td rowspan="3">头发护理</td><td>1）头发日常保养的重要性</td><td rowspan="3">（1）方法：演示法、讲授法、讨论法、案例教学法
（2）重点与难点：正常健康头发生长的必备条件</td><td rowspan="3">1</td></tr>
<tr><td>2）正常健康头发生长的必备条件</td></tr>
<tr><td>3）头发日常保养与护理
①油性发质
②干性发质
③中性发质
④受损发质</td></tr>
<tr><td rowspan="2">6. 脸型、头型与身材知识</td><td rowspan="2">6-1 脸型知识</td><td rowspan="2">脸型分类与特征</td><td>1）脸型分类</td><td rowspan="2">（1）方法：讲授法、讨论法、案例教学法
（2）重点与难点：脸型特征</td><td rowspan="2">1</td></tr>
<tr><td>2）脸型特征
①椭圆形脸
②圆形脸
③长方形脸
④方形脸
⑤正三角形脸
⑥倒三角形脸
⑦菱形脸</td></tr>
</table>

续表

模块	课程	学习单元	课程内容	培训建议	课堂学时
6．脸型、头型与身材知识	6–2 头型、身材知识	头型、身材的分类与特征	1）头型分类	（1）方法：讲授法、讨论法 （2）重点与难点：头型特征、身材分类	2
			2）头型特征 ①椭圆头型 ②平顶头型 ③尖顶头型 ④枕骨凹头型 ⑤枕骨凸头型		
			3）身材分类		
			4）身材特征 ①高瘦型 ②高大型 ③矮胖型 ④矮小型		
	6–3 发型结构知识	发型结构知识	1）发型分类	（1）方法：讲授法、讨论法 （2）重点与难点：发型分类	
			2）发型结构		
7．按摩基础知识	7–1 按摩原理及用品用具	（1）按摩的原理与应用	1）按摩原理	（1）方法：演示法、讲授法、讨论法 （2）重点与难点：美发行业的按摩作用	1
			2）美发行业按摩应用		
		（2）按摩用具与用品	1）按摩用具	（1）方法：演示法、讲授法、讨论法 （2）重点与难点：按摩作用	1
			2）按摩用品		
			3）按摩作用 ①经络疏通 ②平衡阴阳 ③调整脏腑		
	7–2 按摩常用手法	按摩常用手法	1）按摩手法的种类	（1）方法：演示法、讲授法 （2）重点与难点：按摩手法、按摩注意事项	2
			2）按摩手法 ①推 ②拿 ③按 ④摩 ⑤捏 ⑥揉 ⑦点 ⑧拍		
			3）按摩手法的作用		
			4）按摩注意事项		
	7–3 人体经络穴位及保健作用	头面部、肩颈部经络穴位保健	1）头面部经络穴位	（1）方法：讲授法、讨论法、案例教学法 （2）重点与难点：头面部经络穴位、经络穴位定位常用方法	2
			2）肩颈部经络穴位		
			3）经络穴位定位常用方法		

续表

模块	课程	学习单元	课程内容	培训建议	课堂学时
8．美发工具、用品及仪器的维护保养知识	8-1 美发工具、用品知识	美发工具、用品的种类、性能与用途	1）美发工具种类	（1）方法：讲授法、讨论法 （2）重点与难点：美发工具及用品的性能、用途	1
			2）修剪（推剪）、梳理类工具、用品的性能与用途		
			3）吹风类工具、用品的性能与用途		
			4）烫发（染发）类工具、用品的性能与用途		
			5）其他美发工具、用品的性能与用途		
	8-2 美发仪器知识	美发仪器的种类、性能与用途	1）美发仪器种类	（1）方法：讲授法、讨论法 （2）重点与难点：美发仪器的性能与用途	1
			2）美发仪器的性能与用途		
	8-3 美发工具及仪器的维护保养	美发工具及仪器的维护保养	1）电学基本知识	（1）方法：讲授法、讨论法 （2）重点与难点：工具及仪器的保养方法	1
			2）美发电器结构		
			3）工具及仪器的保养方法		
9．美发化学用品知识	9-1 美发洗护用品	洗护用品的种类、性能与用途	1）洗护用品的种类	（1）方法：讲授法、讨论法 （2）重点与难点：洗护用品的种类、护发用品的用途	2
			2）洗发用品的成分		
			3）洗发用品的用途		
			4）护发用品的成分		
			5）护发用品的用途 ①护发素 ②营养焗油膏		
	9-2 美发烫发、染发、漂发用品	（1）烫发剂的种类、性能与作用	1）烫发剂的种类 ①碱性烫发剂 ②酸性烫发剂 ③微酸性烫发剂	（1）方法：演示法、讲授法、讨论法 （2）重点与难点：烫发剂的性能与作用、染发剂的种类	2
			2）烫发剂的性能与作用		
		（2）染发剂的种类、性能与作用	1）染发剂的种类 ①临时性染料 ②非永久性燃料 ③永久性染料		
			2）染发剂的性能与作用		
		（3）漂发剂的种类、性能与作用	1）漂发剂与种类		
			2）漂发剂的性能与作用		

续表

模块	课程	学习单元	课程内容	培训建议	课堂学时
9. 美发化学用品知识	9–3 美发造型用品	美发造型用品	1）美发造型用品的种类 ①定型水 ②摩丝 ③啫喱膏（水） ④发雕 ⑤造型泥	（1）方法：演示法、讲授法、讨论法 （2）重点与难点：美发造型用品的性能与作用	2
			2）美发造型用品的性能与作用		
10. 色彩知识	10–1 色彩的构成及功能	色的概念与功能	1）色彩与光	（1）方法：演示法、讲授法 （2）重点与难点：色彩与视觉、色彩的功能	2
			2）色彩与视觉		
			3）色彩与物体		
			4）色彩的分类		
			5）色彩的功能 ①红色功能 ②黄色功能 ③蓝色功能 ④白色功能 ⑤黑色功能		
	10–2 调配色彩的基本常识	色彩调配常识	1）三原色	（1）方法：演示法、讲授法、讨论法 （2）重点与难点：三原色	1
			2）邻近色		
			3）相对色		
	10–3 色调的选择	色调的选择方法	1）色调	（1）方法：演示法、讲授法、讨论法 （2）重点与难点：色板与染膏颜色代码	2
			2）选择色调的方法		
			3）色板与染膏颜色代码		
11. 发型素描知识	11–1 素描常识	素描基本知识	1）素描的概念	（1）方法：演示法、讲授法、讨论法 （2）重点与难点：美发素描的功能及目的	3
			2）素描的分类		
			3）素描的工具及用品		
			4）美发素描的功能及目的		
			5）素描绘制的基本要求 ①握笔的姿势 ②观察力 ③分析能力 ④感悟能力 ⑤表现能力		

续表

模块	课程	学习单元	课程内容	培训建议	课堂学时
11. 发型素描知识	11–2 素描线条	素描线条	1）各种线条的运用原理	（1）方法：演示法、讲授法、讨论法 （2）重点与难点：各种线条的运用原理	2
			2）各种线条的表现手法		
			3）明暗调子的形成		
	11–3 发型素描	发型素描	1）面部五官定位	（1）方法：演示法、讲授法、讨论法 （2）重点与难点：发型素描要注意的细节问题	3
			2）发型描绘 ①直发的绘画 ②曲发的绘画		
			3）发型素描要注意的细节问题		
12. 发型美学基本概念	12–1 发型美学本质和特征	发型美的本质、特征及形态风格	1）发型美的本质	（1）方法：演示法、讲授法、讨论法 （2）重点与难点：现代发型形式美法则的应用	2
			2）发型美的特征 ①物质性与时限性 ②形象性与象征性 ③功能性与观赏性 ④趋同性与差异性 ⑤装饰性与综合性		
	12–2 发型美的应用		3）发型美的形态风格 ①发质自然美 ②结构形式美 ③人体和谐美 ④服饰配合美 ⑤工艺技术美 ⑥举止行为美		
			4）现代发型形式美法则的应用 ①点的应用 ②线的运用 ③面的运用		
课堂学时合计					50

2.2.2 五级 / 初级工职业技能培训课程规范

模块	课程	学习单元	课程内容	培训建议	课堂学时
1. 工作准备	1-1 工具、用品准备	（1）美发工具、用品的检查、清洁与消毒	1）美发工具的检查 ①剪发工具的检查 ②剃须修面工具的检查 ③烫发、染发工具的检查 ④吹风造型工具的检查	（1）方法：讲授法、演示法、讨论法 （2）重点与难点：剃须修面工具的检查，常用美发工具的清洁、消毒	4
			2）美发工具的准备要求		
			3）常用美发工具的清洁、消毒		
			4）常用美发工具的保养		
		（2）美发操作用品、物品的准备	1）围布、毛巾的分类	（1）方法：讲授法、讨论法 （2）重点与难点：美发造型用品、饰品知识	4
			2）洗发、护发用品知识		
			3）美发造型用品、饰品知识		
	1-2 工作环境的准备	（1）调整服务环境	1）美发服务环境的范围	（1）方法：参观法、讲授法、讨论法 （2）重点与难点：美发服务环境的准备要求	2
			2）美发服务环境卫生要求		
			3）美发服务环境的准备要求		
		（2）清扫发屑、整理工作环境	1）及时清扫发屑的要求	（1）方法：讲授法、示范法、讨论法 （2）重点与难点：及时整理工作环境的要求	3
			2）及时整理工作环境的要求		
2. 接待服务	2-1 接待礼仪	（1）美发师仪容仪表及规范礼貌用语	1）美发师仪容仪表要求	（1）方法：讲授法、演示法、讨论法 （2）重点与难点：美发师仪容仪表要求	4
			2）规范礼貌用语		
			3）服务礼仪要求		
		（2）美发接待规范	1）美发服务流程	（1）方法：角色扮演法、讲授法、讨论法 （2）重点与难点：美发接待服务要求	2
			2）美发接待服务要求		

续表

模块	课程	学习单元	课程内容	培训建议	课堂学时
2. 接待服务	2-2 服务介绍	美发服务项目	1）美发服务项目种类	（1）方法：讲授法、讨论法 （2）重点与难点：美发服务项目的内容、美发服务项目的操作质量标准	6
			2）美发服务项目内容		
			3）美发服务项目的操作质量标准		
			4）为顾客推荐合适的美发师		
3. 洗发与按摩	3-1 洗发	（1）发质分类与洗发用品选用	1）发质的分类与识别	（1）方法：讲授法、讨论法 （2）重点与难点：水质对洗发的影响	2
			2）洗发用品选用		
			3）水质对洗发的影响		
		（2）洗发操作	1）洗发操作程序	（1）方法：讲授法、示范法、讨论法、观摩法 （2）重点与难点：洗发操作的质量标准	3
			2）洗发操作要求和注意事项		
			3）洗发止痒的方法		
			4）洗发操作的质量标准		
		（3）洗后护发	1）护发用品的选用	（1）方法：讲授法、示范法、讨论法、观摩法 （2）重点与难点：护发操作要求和注意事项	3
			2）护发操作要求和注意事项		
		（4）冲净头发，毛巾包头	1）冲净头发	（1）方法：讲授法、示范法、讨论法、观摩法 （2）重点与难点：洗发效果不佳的常见原因	2
			2）擦干头发		
			3）毛巾包发的要求		
			4）洗发效果不佳的常见原因		
	3-2 按摩	（1）头部按摩	1）头部按摩中的经络、穴位	（1）方法：实物示教法、讲授法、讨论法 （2）重点与难点：头部按摩操作的禁忌	5
			2）头部按摩操作		
			3）头部按摩操作的禁忌		
		（2）颈部肩部按摩	1）颈部、肩部按摩中的经络、穴位	（1）方法：实物示教法、讲授法、讨论法、 （2）重点与难点：颈部、肩部按摩操作的禁忌	5
			2）颈部、肩部按摩操作		
			3）颈部、肩部按摩操作的禁忌		

续表

模块	课程	学习单元	课程内容	培训建议	课堂学时
4. 发型制作	4-1 修剪	（1）剪发工具的使用	1）电推剪使用方法	（1）方法：讲授法、实训（练习）法、演示法、项目教学法 （2）重点与难点：电推剪使用方法、剪发梳使用方法	6
			2）剪刀使用方法		
			3）牙剪使用方法		
			4）剪发梳使用方法		
		（2）男式基本发型分类与基本操作方法	1）头面部名称	（1）方法：讲授法、实训（练习）法、演示法、项目教学法 （2）重点与难点：男式有色调发型分类的标准、男式有色调发型推剪的质量标准	14
			2）男式发型与发式		
			3）男式有色调发型分类的标准		
			4）男式基本发型的三部三线		
			5）三部三线位置变化的关系		
			6）头发生长流向知识		
			7）头发软硬、曲直状况知识		
			8）生理特征对发型轮廓线与基线位置的影响		
			9）男式有色调发型推剪的操作程序		
			10）男式有色调发型推剪的质量标准		
			11）发型发量调整方法与要求		
		（3）女式生活类短发的修剪方法	1）女式基本发型的分类标准	（1）方法：讲授法、实训（练习）法、演示法、项目教学法 （2）重点与难点：女式基本发型的分类标准、固体型层次发型的基本修剪程序	13
			2）剪刀操作的基本方法		
			3）基本层次的修剪方法		
			4）基本线条的修剪方法		
			5）女式短发修剪的操作程序		
			6）固体型层次发型的基本修剪程序		
			7）均等层次发型的基本修剪程序		
			8）边沿层次发型的基本修剪程序		
			9）渐增层次发型的基本修剪程序		
			10）女式生活类短发修剪的质量标准		
			11）发型发量调整方法与要求		

续表

模块	课程	学习单元	课程内容	培训建议	课堂学时
4. 发型制作	4–2 烫发	（1）烫发卷杠	1）烫发设备、工具、辅助用品的种类及用途 2）卷杠的概念、作用和分类 3）烫发衬纸的使用方法 4）发型与卷发杠的关系 5）卷杠的基本操作方法 6）标准卷杠法的卷杠操作 7）卷杠操作的质量标准	（1）方法：讲授法、实训（练习）法、演示法、项目教学法 （2）重点与难点：卷杠的概念、作用和分类，卷杠的基本操作方法	3
		（2）烫发操作	1）烫发剂的分类与性能 2）中和剂的作用 3）冲净烫发剂 4）烫发剂、中和剂停放时间的控制	（1）方法：讲授法、实训（练习）法、演示法、项目教学法 （2）重点与难点：中和剂的作用、烫发原理	3
		（3）烫发质量判断	1）试卷头发 2）冲净烫发剂的方法 3）烫发操作的质量标准 4）烫发卷曲度不够的原因及补救措施	（1）方法：讲授法、实训（练习）法、演示法、项目教学法 （2）重点与难点：烫发卷曲度不够的原因及补救措施	4
	4–3 吹风造型	（1）吹风操作的基本方法和程序	1）吹风的作用 2）吹风操作中的专用名称及术语 3）选择吹风机和工具 4）吹风操作基本方法 5）吹风梳理操作程序	（1）方法：讲授法、实训（练习）法、讨论法、演示法、项目教学法 （2）重点与难点：吹风操作基本方法	3
		（2）男式发型吹风操作的程序、操作技巧和质量标准	1）男式吹风梳理的操作程序 2）男式吹风梳理的操作技巧 3）男式吹风梳理的质量标准	（1）方法：讲授法、实训（练习）法、讨论法、演示法、项目教学法 （2）重点与难点：男式吹风梳理的质量标准	3

续表

模块	课程	学习单元	课程内容	培训建议	课堂学时
4. 发型制作	4-3 吹风造型	（3）男式有色调发型的吹风造型	1）男式分头路的基本方法 2）男式无头路斜向后发型的吹风造型 3）男式分头路发型的吹风造型	（1）方法：讲授法、实训（练习）法、讨论法、演示法、项目教学法 （2）重点与难点：男式分头路发型的吹风造型	14
		（4）女式发型的吹风造型	1）女式生活类发型吹风梳理的基本方法 2）女式生活类发型吹风梳理的程序 3）女式发型吹风操作中梳刷使用的方法 4）女式生活类发型吹风造型的质量标准	（1）方法：讲授法、实训（练习）法、讨论法、演示法、项目教学法 （2）重点与难点：女式生活类发型吹风梳理的方法、女式生活类发型吹风梳理的质量标准	14
		（5）电卷棒、电夹板造型操作	1）电卷棒的种类及选用 2）电卷棒的操作程序 3）电卷棒的操作方法和操作技巧 4）电夹板的操作程序 5）电夹板的操作方法和操作技巧	（1）方法：讲授法、实训（练习）法、讨论法、演示法、项目教学法 （2）重点与难点：电卷棒、电夹板的操作程序	5
		（6）脸型、头型特点与造型手法	1）脸型、头型的分类和特点 2）发型造型的手法 3）发型与脸型的配合方法	（1）方法：讲授法、实训（练习）法、讨论法、演示法、项目教学法 （2）重点与难点：发型与脸型的配合方法	5
5. 染发	5-1 白发染黑	（1）染发基本知识	1）染发工具、用品的种类和用途 2）染发相关专业术语 3）染发原理 4）染发剂分类 5）染发剂与双氧乳的配比知识	（1）方法：讲授法、实训（练习）法、讨论法 （2）重点与难点：染发工具、用品的种类和用途，染发原理	2

续表

模块	课程	学习单元	课程内容	培训建议	课堂学时
5. 染发	5-1 白发染黑	（2）白发染黑操作	1）白发染黑操作程序 2）白发染黑操作方法 3）白发染黑操作注意事项	（1）方法：讲授法、实训（练习）法、讨论法 （2）重点与难点：白发染黑操作方法	5
	5-2 染深	染深操作	1）染深染发剂配置要求 2）染深操作程序 3）染深操作方法 4）染深操作注意事项	（1）方法：讲授法、实训（练习）法、讨论法 （2）重点与难点：染深操作方法	5
6. 头皮与头发护理	6-1 头皮护理	（1）头皮护理用品	1）头皮护理用品及其用途 2）头皮护理用品的种类 3）头皮护理用品的性能	（1）方法：讲授法、实训（练习）法、讨论法 （2）重点与难点：头皮护理用品的性能	4
		（2）头皮护理操作	1）头皮护理用品的选用 2）头皮护理的操作程序 3）头皮护理的操作方法	（1）方法：讲授法、实训（练习）法、讨论法 （2）重点与难点：头皮护理的操作程序和操作方法	5
	6-2 头发护理	（1）头发护理用品	1）头发护理用品及其用途 2）头发护理用品的种类 3）头发护理用品的性能	（1）方法：讲授法、实训（练习）法、讨论法 （2）重点与难点：头发护理产品的性能	5
		（2）头发护理操作	1）护发用品的选择 2）头发护理的操作程序 3）头发护理的操作方法	（1）方法：讲授法、实训（练习）法、讨论法 （2）重点与难点：头发护理的操作程序和操作方法	2
课堂学时合计					160

2.2.3 四级 / 中级工职业技能培训课程规范

<table>
<tr><th>模块</th><th>课程</th><th>学习单元</th><th>课程内容</th><th>培训建议</th><th>课堂学时</th></tr>
<tr><td rowspan="15">1. 接待服务</td><td rowspan="5">1–1 服务前的沟通</td><td rowspan="5">与顾客进行服务前的沟通</td><td>1）服务心理学基本知识</td><td rowspan="5">（1）方法：演示法、角色扮演法、情景表演法
（2）重点与难点：与顾客沟通的方法和技巧</td><td rowspan="5">4</td></tr>
<tr><td>2）消费心理基本知识</td></tr>
<tr><td>3）顾客个性需求分析</td></tr>
<tr><td>4）与顾客沟通的方法和技巧</td></tr>
<tr><td>5）美发师接待服务的注意事项</td></tr>
<tr><td rowspan="10">1–2 咨询服务</td><td rowspan="3">（1）顾客发质状况的咨询服务</td><td>1）各种发质的健康状况</td><td rowspan="3">（1）方法：演示法、讲授法、角色扮演法、项目教学法
（2）重点与难点：头皮过敏症状的种类及鉴别</td><td rowspan="3">3</td></tr>
<tr><td>2）头皮过敏症状的种类及鉴别</td></tr>
<tr><td>3）不同发质的处理和维护方法</td></tr>
<tr><td rowspan="3">（2）常用美发用品的咨询服务</td><td>1）常用美发用品的质量鉴别</td><td rowspan="3">（1）方法：演示法、参观法、讲授法、项目教学法
（2）重点与难点：常用美发化学用品的质量鉴别</td><td rowspan="3">2</td></tr>
<tr><td>2）常用美发化学用品的质量鉴别</td></tr>
<tr><td>3）推荐适合顾客的美发用品</td></tr>
<tr><td rowspan="3">（3）推荐发型的咨询服务</td><td>1）发型与脸型的配合</td><td rowspan="3">（1）方法：演示法、项目教学法、讲授法
（2）重点与难点：推荐适应顾客发质条件的发型</td><td rowspan="3">2</td></tr>
<tr><td>2）发型与头型的配合</td></tr>
<tr><td>3）推荐适合顾客发质条件的发型</td></tr>
<tr><td rowspan="5">2. 发型制作</td><td rowspan="5">2–1 修剪</td><td rowspan="5">（1）削刀削发</td><td>1）认识削刀</td><td rowspan="5">（1）方法：演示法、讲授法、实训（练习）法
（2）重点与难点：全口刀法、半口刀法、点刀法削刀削发的效果</td><td rowspan="5">10</td></tr>
<tr><td>2）专业削刀的种类与用途</td></tr>
<tr><td>3）全口刀法、半口刀法、点刀法削刀削发的效果</td></tr>
<tr><td>4）削刀削发技巧</td></tr>
<tr><td>5）削刀削发注意事项</td></tr>
</table>

续表

模块	课程	学习单元	课程内容	培训建议	课堂学时
2. 发型制作	2–1 修剪	（2）推剪男式发型	1）男式有缝发型、无缝色调发型、毛寸发型的概念 2）男式有缝发型的推剪 3）男式无缝色调发型的推剪 4）男式毛寸发型的推剪	（1）方法：演示法、项目教学法、讲授法、实训（练习）法 （2）重点与难点：男式有缝发型、毛寸发型的推剪	8
		（3）修剪女式发型	1）女式发型基本类型及其修剪特点 2）女式斜分刘海中长碎发的修剪 3）女式旋转式短发的修剪 4）女式中分短发的修剪 5）女式翻翘式短发的修剪	（1）方法：演示法、项目教学法、讲授法、实训（练习）法 （2）重点与难点：女式发型的修剪特点、女式翻翘式短发的修剪	8
		（4）修剪工具的维护和保养	1）剪刀的维护和保养 2）电推剪的维护和保养 3）削刀的维护和保养	（1）方法：演示法、项目教学法、实训（练习）法 （2）重点与难点：电推剪的维护和保养	4
	2–2 烫发	（1）选择烫发剂和卷杠排列方法	1）发质特性与发质判断 2）发型特征与烫发的关系 3）烫发剂的特性及选用 4）卷杠排列的方法及选用	（1）方法：演示法、项目教学法、讲授法、实训（练习）法 （2）重点与难点：烫发剂的特性及选用	4
		（2）判断卷发效果及补救措施	1）头发卷曲度与烫发剂、中和剂的关系 2）根据试卷判断头发卷曲度 3）造成烫发不卷的原因 4）烫发卷曲度未达标的补救措施	（1）方法：演示法、讲授法、实训（练习）法 （2）重点与难点：烫发卷曲度未达标的补救措施	4

续表

模块	课程	学习单元	课程内容	培训建议	课堂学时
2. 发型制作	2-2 烫发	(3) 烫前、烫后的护理操作	1) 烫前、烫后护理的作用 2) 进行烫前护理的操作步骤和操作技巧 3) 进行烫后护理的操作步骤和操作技巧	(1) 方法: 演示法、讲授法、实训(练习)法、项目教学法 (2) 重点与难点: 烫前、烫后护理的操作技巧	3
		(4) 操作热能烫设备	1) 热能烫设备的工作原理 2) 热能烫设备的操作步骤和操作技巧	(1) 方法: 演示法、讲授法、实训(练习)法 (2) 重点与难点: 热能烫设备的操作步骤和操作技巧	2
	2-3 吹风造型	(1) 使用固发、饰发用品造型	1) 常见固发用品 2) 固发用品造型技巧 3) 常见饰发用品 4) 饰发用品造型技巧	(1) 方法: 演示法、讲授法、实训(练习)法、项目教学法 (2) 重点与难点: 固发、饰发用品造型技巧	2
		(2) 梳刷工具与吹风机的配合制作发型	1) 梳刷工具的使用技巧 2) 吹风机的使用技巧 3) 梳刷工具与吹风机配合制作发型的技巧	(1) 方法: 演示法、讲授法、实训(练习)法、项目教学法 (2) 重点与难点: 吹风机的使用技巧	3
		(3) 男式有缝、无缝色调发型的吹风造型	1) 男式有缝色调发型的吹风造型 2) 男式有缝色调发型吹风造型的质量标准 3) 男式无缝色调发型的吹风造型 4) 男式无缝色调发型吹风造型的质量标准	(1) 方法: 演示法、项目教学法、讲授法、实训(练习)法 (2) 重点与难点: 男式无缝色调发型的吹风造型	10
		(4) 女式多种层次发型的吹风造型	1) 女式发型的吹风造型特点与质量标准 2) 女式斜分刘海中长发碎发的吹风造型 3) 女式旋转式短发的吹风造型 4) 女式中分短发的吹风造型 5) 女式翻翘式短发的吹风造型	(1) 方法: 演示法、项目教学法、讲授法、实训(练习)法、 (2) 重点与难点: 女式翻翘式短发的吹风造型	10

续表

<table>
<tr><th>模块</th><th>课程</th><th>学习单元</th><th>课程内容</th><th>培训建议</th><th>课堂学时</th></tr>
<tr><td rowspan="15">3. 剃须修面</td><td rowspan="6">3-1 剃须修面前的工作准备</td><td rowspan="4">（1）磨、趟剃刀</td><td>1）认识研磨石和趟刀布（革砥）</td><td rowspan="4">（1）方法：讲授法、演示法、实训（练习）法、项目教学法、情景表演法
（2）重点与难点：研磨剃刀、趟刀的质量标准</td><td rowspan="4">4</td></tr>
<tr><td>2）用研磨石磨剃刀的技巧</td></tr>
<tr><td>3）用趟刀布趟剃刀的技巧</td></tr>
<tr><td>4）研磨剃刀、趟刀的质量标准</td></tr>
<tr><td rowspan="2">（2）清洁面部皮肤</td><td>1）认识面部清洁的用具、用品</td><td rowspan="2">（1）方法：讲授法、演示法、实训（练习）法、项目教学法、情景表演法
（2）重点与难点：进行面部皮肤清洁</td><td rowspan="2">3</td></tr>
<tr><td>2）剃须修面前的面部皮肤清洁操作</td></tr>
<tr><td rowspan="7">3-2 剃须</td><td rowspan="4">（1）绷紧皮肤的手法</td><td>1）绷紧皮肤的作用</td><td rowspan="4">（1）方法：讲授法、实训（练习）法、演示法、项目教学法、情景表演法
（2）重点与难点：绷紧皮肤的手法与刀法的配合</td><td rowspan="4">5</td></tr>
<tr><td>2）张、捏、拉绷紧皮肤的手法</td></tr>
<tr><td>3）绷紧皮肤的手法与刀法的配合</td></tr>
<tr><td>4）绷紧皮肤操作的注意事项</td></tr>
<tr><td rowspan="3">（2）剃须修面</td><td>1）剃刀操作的基本功训练</td><td rowspan="3">（1）方法：讲授法、演示法、实训（练习）法、项目教学法、情景表演法
（2）重点与难点：正手刀、反手刀、推刀的操作技巧</td><td rowspan="3">10</td></tr>
<tr><td>2）正手刀、反手刀、推刀的操作技巧</td></tr>
<tr><td>3）剃须修面的操作</td></tr>
<tr><td rowspan="7">4. 染发</td><td rowspan="7">4-1 材料选择</td><td rowspan="3">（1）选择染发剂</td><td>1）判断顾客发质、原发色</td><td rowspan="3">（1）方法：讲授法、观摩法、演示法、实训（练习）法
（2）重点与难点：判断顾客所需染发效果</td><td rowspan="3">4</td></tr>
<tr><td>2）判断顾客所需染发效果</td></tr>
<tr><td>3）选择染发剂</td></tr>
<tr><td rowspan="4">（2）选用染膏与双氧乳</td><td>1）染膏与双氧乳（显色剂）的用途</td><td rowspan="4">（1）方法：讲授法、观摩法、演示法、实训（练习）法
（2）重点与难点：染膏颜色代码知识</td><td rowspan="4">4</td></tr>
<tr><td>2）染膏颜色代码知识</td></tr>
<tr><td>3）双氧乳的标识</td></tr>
<tr><td>4）染膏与双氧乳的选用</td></tr>
</table>

续表

模块	课程	学习单元	课程内容	培训建议	课堂学时
4. 染发	4–2 染发操作	（1）染发剂调配	1）同度染染发剂的调配	（1）方法：讲授法、观摩法、演示法、实训（练习）法、项目教学法 （2）重点与难点：深染浅染发剂的调配	3
			2）深染浅染发剂的调配		
			3）盖白发染发剂的调配		
		（2）染发剂涂放	1）同度染的染发剂涂放巧技	（1）方法：讲授法、观摩法、演示法、实训（练习）法、项目教学法 （2）重点与难点：盖白发的染发剂涂放巧技	4
			2）深染浅的染发剂涂放巧技		
			3）盖白发的染发剂涂放巧技		
			4）涂放染发剂注意事项		
		（3）染后护理	1）染后护理的作用	（1）方法：讲授法、观摩法、演示法、实训（练习）法 （2）重点与难点：染后护理操作	3
			2）染后护理用品		
			3）染后护理操作		
5. 接发与假发操作	5–1 接发操作与调整	（1）接发材料选用	1）接发材料的种类	（1）方法：讲授法、观摩法、演示法、实训（练习）法 （2）重点与难点：接发材料的种类	2
			2）接发材料的选用		
		（2）接发操作	1）接法的分类	（1）方法：讲授法、观摩法、演示法、实训（练习）法 （2）重点与难点：接发操作方法	4
			2）接发工具		
			3）接发操作方法 ①胶粘接发 ②扣合接发 ③编织接发		
		（3）接发调整	1）接发区域的调整	（1）方法：讲授法、观摩法、演示法、实训（练习）法 （2）重点与难点：接发数量的调整	2
			2）接发数量的调整		

续表

模块	课程	学习单元	课程内容	培训建议	课堂学时
5. 接发与假发操作	5-2 假发操作与调整	(1) 假发洗护	1) 假发的材料与种类 2) 假发洗护操作	(1) 方法：讲授法、观摩法、演示法、实训（练习）法 (2) 重点与难点：假发洗、护的操作	2
		(2) 假发修剪	1) 假发修剪的应用 2) 假发修剪操作	(1) 方法：演示法、实训（练习）法、 (2) 重点与难点：假发修剪操作	3
		(3) 假发吹风造型	1) 假发吹风造型的应用 2) 假发吹风造型操作	(1) 方法：观摩法、演示法、实训（练习）法、情景表演法 (2) 重点与难点：假发吹风造型的应用	3
		(4) 假发混合造型	1) 假发混合造型的应用 2) 假发混合造型操作	(1) 方法：观摩法、演示法、实训（练习）法、项目教学法 (2) 重点与难点：假发混合造型操作	5
课堂学时合计					140

2.2.4 三级 / 高级工职业技能培训课程规范

模块	课程	学习单元	课程内容	培训建议	课堂学时
1. 发型设计	1-1 设计构思	发型设计构思	1) 发型设计的基本要求 2) 发型设计的程序	(1) 方法：讲授法、观摩法、项目教学法 (2) 重点与难点：发型设计的基本要求	3
	1-2 发型素描	(1) 脸型、五官素描	1) 素描基础知识 2) 素描人物脸型、五官的绘制	(1) 方法：讲授法、观摩法、演示法、实训（练习）法、项目教学法 (2) 重点与难点：素描人物脸型、五官的绘制	5
		(2) 发型轮廓素描	1) 素描与发型设计的关系 2) 素描发型的线条轮廓	(1) 方法：讲授法、演示法、实训（练习）法 (2) 重点与难点：素描发型的线条轮廓	2

续表

模块	课程	学习单元	课程内容	培训建议	课堂学时
1. 发型设计	1-2 发型素描	（3）发型设计素描	1）男式发型设计素描案例 2）女式发型设计素描案例	（1）方法：讲授法、实训（练习）法 （2）重点与难点：发型设计素描案例	2
2. 发型制作	2-1 修剪	（1）男发修剪	1）男式发型的分类与特点 2）男发修剪、提拉角度与层次变化的关系 3）推剪平头式发型 4）推剪圆头式发型 5）男发修剪质量标准 6）修剪技术问题的解决方法	（1）方法：讲授法、实训（练习）法、项目教学法 （2）重点与难点：男发修剪质量标准、修剪技术问题的解决方法	8
		（2）波浪式发型修剪	1）经典波浪式发型特点 2）经典波浪式发型修剪提拉角度与层次变化的关系 3）经典长、中长、短波浪式发型的修剪 4）经典波浪式发型修剪质量标准 5）波浪式发型修剪技术问题的解决方法	（1）方法：讲授法、观摩法、实训（练习）法、项目教学法 （2）重点与难点：经典长、中长、短波浪式发型的修剪，经典波浪式发型修剪质量标准	12
	2-2 烫发	（1）卷杠、工具与卷杠手法的选择	1）烫发发型设计的类型与特点 2）各种卷杠、工具的选用 3）各种卷杠手法的应用	（1）方法：讲授法、观摩法、演示法、实物示教法 （2）重点与难点：各种卷杠手法的应用	2
		（2）现代烫发新工艺的操作	1）现代烫发新工艺的类型 2）现代烫发新工艺的仪器使用方法 3）烫发技术问题的解决方法	（1）方法：观摩法、演示法、实训（练习）法、项目教学法、实物示教法 （2）重点与难点：现代工艺烫发的仪器使用方法	5

续表

模块	课程	学习单元	课程内容	培训建议	课堂学时
2. 发型制作	2–3 造型	（1）经典波浪式发型造型	1）女式经典波浪式长发造型操作	（1）方法：讲授法、观摩法、演示法、实训（练习）法、实物示教法 （2）重点与难点：经典波浪式发型造型的质量标准	10
			2）女式经典波浪式中长发造型操作		
			3）女式经典波浪式短发造型操作		
			4）男式波浪发造型操作		
			5）经典波浪式发型造型的质量标准		
		（2）盘发、包发、束发、编发造型	1）发型造型中的手法运用	（1）方法：讲授法、观摩法、演示法、实训（练习）法、实物示教法 （2）重点与难点：包发造型操作	8
			2）盘发造型操作		
			3）包发造型操作		
			4）束发造型操作		
			5）编发造型操作		
			6）发型造型中的饰品搭配		
		（3）发片造型	1）发片的种类与特点	（1）方法：讲授法、演示法、实训（练习）法、项目教学法 （2）重点与难点：发片造型技巧	4
			2）发片造型操作		
3. 剃须修面	3–1 剃须	（1）修剃络腮胡须	1）络腮胡须的生长特点	（1）方法：讲授法、演示法、实训（练习）法、情景表演法 （2）重点与难点：长、短刀法的运用	5
			2）络腮胡须的软化方法		
			3）长、短刀法的运用		
			4）络腮胡须的修剃方法		
		（2）修剃多种特殊胡须	1）特殊胡须的生长特点	（1）方法：讲授法、演示法、实训（练习）法、情景表演法 （2）重点与难点：螺旋型胡须的修剃	7
			2）特殊胡须的软化方法		
			3）螺旋型胡须的修剃		
			4）黄褐色胡须的修剃		

续表

模块	课程	学习单元	课程内容	培训建议	课堂学时
3. 剃须修面	3-2　修面	（1）多种刀法修面	1）削刀法进行修面的技巧	（1）方法：讲授法、演示法、实训（练习）法、情景表演法、项目教学法 （2）重点与难点：脸部修面的刀法运用	7
			2）滚刀法进行修面的技巧		
			3）脸部修面的刀法运用		
			4）剃刀的保养		
		（2）“七十二刀半”修面	1）“七十二刀半”的概念	（1）方法：讲授法、观摩法、演示法、实训（练习）法 （2）重点与难点：“七十二刀半”的修面技巧	10
			2）“七十二刀半”的修面技巧		
4. 漂发与染发	4-1　漂发与染发的选择	漂发与染发选择	1）漂发的概念	（1）方法：讲授法、讨论法、演示法、实训（练习）法、实物示教法、项目教学法 （2）重点与难点：漂发与染发区别、漂色剂的应用	10
			2）漂发与染发区别		
			3）基色与目标色		
			4）基色与目标色的选用		
			5）选用漂发、染发的方法		
			6）漂色剂的应用		
	4-2　漂发与染发操作	（1）漂色剂调配	1）漂色剂的作用与种类	（1）方法：讲授法、讨论法、演示法、实训（练习）法、项目教学法 （2）重点与难点：漂色剂的调配操作	6
			2）漂色剂的调配操作		
		（2）局部染操作	1）局部染的特点	（1）方法：演示法、实训（练习）法、项目教学法 （2）重点与难点：层染操作	4
			2）挑染操作		
			3）线染操作		
			4）片染操作		
			5）层染操作		

续表

模块	课程	学习单元	课程内容	培训建议	课堂学时
4. 漂发与染发	4-2 漂发与染发操作	（3）涂放漂色剂、染发剂及着色	1）发色与温度、时间的关系	（1）方法：讲授法、讨论法、演示法、实训（练习）法、项目教学法 （2）重点与难点：停放时间与显色的关系	5
			2）涂放漂色剂、染发剂的操作技巧		
			3）停放时间与显色的关系		
			4）加热着色操作		
		（4）漂发、染发护理	1）漂发、染发后发质受损的程度	（1）方法：讲授法、讨论法、演示法、实训（练习）法、实物示教法 （2）重点与难点：漂发、染发前后的头发护理	5
			2）选择漂发、染护发用品		
			3）漂发、染发前后的头发护理		
课堂学时合计					120

2.2.5 二级 / 技师职业技能培训课程规范

模块	课程	学习单元	课程内容	培训建议	课堂学时
1. 整体设计	1-1 发型设计	（1）发型美学知识	1）发型美学的修饰手法	（1）方法：讲授法、讨论法、演示法、项目教学法、情景表演法、观摩法 （2）重点与难点：发型设计中要注意的几个关系	3
			2）发型设计中要注意的几个关系		
		（2）发型的外形设计方法	1）外形线条及其特点	（1）方法：案例教学法、观摩法、讲授法、讨论法 （2）重点与难点：发型的外形底线设计方法	3
			2）外形底线产生的方法		
			3）外形线条的分类		
			4）外形底线的设计方法		
		（3）发型的内形设计方法	1）内形结构及其特点	（1）方法：案例教学法、观摩法、讲授法、讨论法 （2）重点与难点：发型的内形结构设计方法	2
			2）分区形状的设计 ①固定分区 ②设计分区		
			3）内形结构的设计方法		
			4）内形设计注意事项		

续表

模块	课程	学习单元	课程内容	培训建议	课堂学时
1. 整体设计	1-1 发型设计	（4）发型设计案例	1）按顾客内外形条件设计案例：倒三角型脸型、后脑头型扁平、长发	（1）方法：角色扮演法、案例教学法、情景表演法、观摩法、讲授法、讨论法 （2）重点与难点：发型设计方案	3
			2）按顾客要求设计一款潮流短发的设计方案		
			3）按顾客要求设计一款生活类长发的设计方案		
	1-2 发型绘制	（1）发型素描图	1）人像素描的特点	（1）方法：项目教学法、实物示教法、演示法、讲授法、讨论法 （2）重点与难点：处理头发与脸部的衔接方式	4
			2）发型素描要注意的细节问题		
			3）处理头发与脸部的衔接方式		
		（2）发型结构图	1）头部结构轮廓	（1）方法：项目教学法、实物示教法、演示法、讲授法、讨论法 （2）重点与难点：层次组合的分配比例和主导	3
			2）发型结构的组合		
			3）层次组合的分配比例和主导		
			4）绘制发型结构图的程序		
	1-3 化妆	（1）化妆的概念与分类	1）化妆的概念	（1）方法：讲授法、讨论法、演示法 （2）重点与难点：化妆的分类	1
			2）化妆的分类		
		（2）化妆用品、用具的选择与使用	1）化妆用品的分类 ①洁肤类 ②护肤类 ③粉饰类	（1）方法：演示法、项目教学法、实物示教法、讲授法、讨论法 （2）重点与难点：常用化妆用具的选择与使用	3
			2）常用化妆用具的选择与使用		
		（3）化妆与脸型	1）面部的基本比例	（1）方法：实训（练习）法、演示法、项目教学法、实物示教法 （2）重点与难点：脸型的修正方法	5
			2）脸型的修正方法		

续表

<table>
<tr><th>模块</th><th>课程</th><th>学习单元</th><th>课程内容</th><th>培训建议</th><th>课堂学时</th></tr>
<tr><td rowspan="12">1. 整体设计</td><td rowspan="6">1-3 化妆</td><td rowspan="2">（4）基本妆的化妆技术</td><td>1）基面妆的化妆技术
①洁肤
②润肤
③修颜
④遮瑕
⑤定妆</td><td rowspan="2">（1）方法：实训（练习）法、演示法、项目教学法、实物示教法
（2）重点与难点：基面妆的化妆技术</td><td rowspan="2">4</td></tr>
<tr><td>2）基点妆的化妆技术
①眉毛的化妆技术
②眼睛的化妆技术
③鼻子的化妆技术
④唇部的化妆技术
⑤面颊的化妆技术</td></tr>
<tr><td rowspan="4">（5）生活妆的化妆技术</td><td>1）生活妆的特点</td><td rowspan="4">（1）方法：项目教学法、角色扮演法、讲授法、讨论法
（2）重点与难点：生化妆的化妆重点</td><td rowspan="4">4</td></tr>
<tr><td>2）生活妆的化妆程序</td></tr>
<tr><td>3）生活妆的化妆重点</td></tr>
<tr><td>4）化生活妆与发型</td></tr>
<tr><td rowspan="6">1-4 形象设计</td><td rowspan="2">（1）整体形象设计要素</td><td>1）整体形象设计的基本要素</td><td rowspan="2">（1）方法：案例教学法、讲授法、讨论法、参观法、实物示教法、观摩法
（2）重点与难点：发型、化妆、服饰的整体搭配知识</td><td rowspan="2">6</td></tr>
<tr><td>2）发型、化妆、服饰的整体搭配知识
①发型的整体搭配知识
②化妆的整体搭配知识
③服饰的整体搭配知识</td></tr>
<tr><td rowspan="3">（2）整体形象设计案例</td><td>1）整体形象设计案例：运动风格类形象设计</td><td rowspan="3">（1）方法：项目教学法、案例教学法、讲授法、讨论法、角色扮演法、情景表演法
（2）重点与难点：整体形象设计案例：运动风格类形象设计</td><td rowspan="3">8</td></tr>
<tr><td>2）整体形象设计案例：知识女性类形象设计</td></tr>
<tr><td>3）整体形象设计案例：休闲旅游类形象设计</td></tr>
</table>

续表

模块	课程	学习单元	课程内容	培训建议	课堂学时
2. 发型制作	2-1 修剪	（1）不同风格发型的修剪	1）动感类发型的修剪	（1）方法：实训（练习）法、演示法、项目教学法、实物示教法、讲授法 （2）重点与难点：对比类发型的修剪、创意类发型的修剪	10
			2）块面类发型的修剪		
			3）对比类发型的修剪		
			4）渐变类发型的修剪		
			5）创意类发型的修剪		
		（2）不同修剪手法与技巧	1）不同修剪手法的作用和效果	（1）方法：实训（练习）法、演示法、项目教学法、实物示教法、讲授法、讨论法 （2）重点与难点：手内修剪与手外修剪的运用范围	3
			2）手内修剪与手外修剪的运用范围		
		（3）运用剪切口（刀口）角度变化修剪发型	1）剪切口（刀口）角度变化类型	（1）方法：实训（练习）法、演示法、项目教学法、实物示教法、讲授法 （2）重点与难点：运用剪切口（刀口）角度变化修剪发型	2
			2）运用剪切口（刀口）角度变化修剪发型		
		（4）发型动态方向的调整方法	1）静态纹理的修剪	（1）方法：案例教学法、讲授法、讨论法、项目教学法、情景表演法 （2）重点与难点：动态纹理的修剪	2
			2）动态纹理的修剪		
		（5）看图修剪	1）看图修剪的方法	（1）方法：演示法、案例教学法、讲授法、实训（练习）法 （2）重点与难点：看图修剪的技巧	4
			2）看图修剪的步骤		
			3）看图修剪的技巧		
			4）看图修剪案例		
	2-2 造型	（1）婚礼、宴会、舞会发型造型	1）工具造型的方法和技巧	（1）方法：案例教学法、角色扮演法、讲授法、讨论法 （2）重点与难点：工具造型的方法和技巧	5
			2）婚礼发型造型		
			3）宴会发型造型		
			4）舞会发型造型		
		（2）直发、曲发组合造型	1）直发、曲发组合造型的方法和技巧	（1）方法：案例教学法、角色扮演法、讲授法、讨论法 （2）重点与难点：直发、曲发组合发型造型的方法和技巧	4
			2）男士直发、曲发组合发型造型		
			3）女士直发、曲发组合发型造型		

续表

模块	课程	学习单元	课程内容	培训建议	课堂学时
2. 发型制作	2-2 造型	(3) 发饰制作	1）发饰制作和运用 2）发饰混合造型制作方法	(1) 方法：项目教学法、案例教学法、讲授法、实训（练习）法演示法、观摩法 (2) 重点与难点：发饰混合造型的方法与技巧	2
		(4) 看图造型（复制）	1）看图分析的方法 2）看图造型的步骤 3）看图造型的技巧 4）看图造型案例	(1) 方法：项目教学法、案例教学法、讲授法、实物示教法、观摩法 (2) 重点与难点：看图造型的技巧	4
		(5) 男士古典发型造型	1）男士古典发型的特点 2）男士古典发型造型技巧	(1) 方法：案例教学法、角色扮演法、讲授法、讨论法 (2) 重点与难点：男士古典发型造型技巧	4
	2-3 漂发与染发的色彩调整	(1) 多种漂、染技术的运用	1）过渡染技术 2）晕染技术	(1) 方法：参观法、案例教学法、讲授法、角色扮演法、讨论法 (2) 重点与难点：过渡染技术	3
		(2) 头发颜色调整	1）颜色调整知识 2）褪色法调整发型色彩 3）补色法调整发型色彩 4）染色法调整发型色彩	(1) 方法：参观法、案例教学法、讲授法、讨论法 (2) 重点与难点：补色法调整发型色彩	3
3. 胡髭与胡须修饰	3-1 胡髭修饰	胡髭的修饰与造型	1）胡髭的形状和种类 2）胡髭的修饰 3）胡髭的造型	(1) 方法：参观法、案例教学法、讲授法、讨论法 (2) 重点与难点：胡髭修饰、造型	7
	3-2 胡须修饰	胡须的修饰与造型	1）胡须的形状和种类 2）胡须的修饰 3）胡须的造型	(1) 方法：参观法、案例教学法、讲授法、讨论法 (2) 重点与难点：胡须修饰、造型	8

续表

模块	课程	学习单元	课程内容	培训建议	课堂学时
4. 培训与管理	4–1 培训指导	（1）培训与指导	1）理论培训教学方法 2）技能操作培训指导方法	（1）方法：讲授法、讨论法、演示法、案例教学法 （2）重点与难点：理论培训教学方法、技能操作培训指导方法	3
		（2）培训教案的编写	1）培训教案的内容与结构 2）培训教案案例	（1）方法：讲授法、案例教学法 （2）重点与难点：培训教案的内容与结构	2
		（3）撰写专业技术小结	1）专业技术小结的概念 2）专业技术小结的结构 3）专业技术小结的撰写要求	（1）方法：案例教学法、讲授法、演示法 （2）重点与难点：专业技术小结的结构	2
	4–2 技术管理	（1）员工沟通技巧	1）沟通的重要性 2）沟通的技巧 3）心理学常识的应用	（1）方法：参观法、案例教学法、角色扮演法、情景表演法 （2）重点与难点：沟通技巧	2
		（2）服务质量评估与改进	1）常见服务质量问题 2）服务质量标准 3）服务质量标准评估方法 4）改进服务质量的方法	（1）方法：参观法、案例教学法、角色扮演法、情景表演法 （2）重点与难点：服务质量的改进	1
课堂学时合计					120

2.2.6 一级 / 高级技师职业技能培训课程规范

模块	课程	学习单元	课程内容	培训建议	课堂学时
1. 整体设计	1–1 发型设计	（1）艺术观赏发型设计制作	1）艺术观赏类发型的概念 2）时尚发布会和推广会发型的风格与设计制作 3）大赛发型的风格与设计制作	（1）方法：演示法、案例教学法、讲授法、参观法、角色扮演法、情景表演法 （2）重点与难点：大赛发型的风格与设计制作	4

续表

<table>
<tr><th>模块</th><th>课程</th><th>学习单元</th><th>课程内容</th><th>培训建议</th><th>课堂学时</th></tr>
<tr><td rowspan="18">1. 整体设计</td><td rowspan="4">1-1 发型设计</td><td rowspan="2">（2）主题系列创意发型设计制作</td><td>1）主题系列创作发型设计的方法</td><td rowspan="2">（1）方法：案例教学法、讲授法、讨论法、情景表演法
（2）重点与难点：主题系列创作发型设计的方法</td><td rowspan="2">4</td></tr>
<tr><td>2）主题系列创作发型制作案例</td></tr>
<tr><td rowspan="2">（3）整体形象设计</td><td>1）不同场合的整体形象设计</td><td rowspan="2">（1）方法：案例教学法、讲授法、讨论法、参观法、实物示教法、观摩法
（2）重点与难点：突出个性的整体形象设计</td><td rowspan="2">5</td></tr>
<tr><td>2）突出个性的整体形象设计</td></tr>
<tr><td rowspan="4">1-2 发型绘制</td><td rowspan="2">（1）三维立体素描技法</td><td>1）三维立体素描的方法</td><td rowspan="2">（1）方法：参观法、演示法、案例教学法、讲授法、讨论法
（2）重点与难点：三维立体素描体现发型效果</td><td rowspan="2">5</td></tr>
<tr><td>2）三维立体素描体现发型效果</td></tr>
<tr><td rowspan="2">（2）计算机发型绘制</td><td>1）常用计算机绘图软件</td><td rowspan="2">（1）方法：案例教学法、讲授法、演示法
（2）重点与难点：运用计算机绘制软件进行发型绘制</td><td rowspan="2">5</td></tr>
<tr><td>2）运用计算机绘图软件进行发型绘制</td></tr>
<tr><td rowspan="8">1-3 化妆</td><td rowspan="4">（1）新娘妆的化妆技术</td><td>1）新娘妆的妆型特点</td><td rowspan="4">（1）方法：讲授法、讨论法、角色扮演法、情景表演法
（2）重点与难点：新娘妆的化妆技术重点</td><td rowspan="4">7</td></tr>
<tr><td>2）新娘妆的化妆程序</td></tr>
<tr><td>3）新娘妆的化妆重点</td></tr>
<tr><td>4）典型新娘妆的化妆</td></tr>
<tr><td rowspan="4">（2）晚宴妆的化妆技术</td><td>1）晚宴妆的妆型特点</td><td rowspan="4">（1）方法：讲授法、讨论法、角色扮演法、情景表演法
（2）重点与难点：晚宴妆的化妆技术重点</td><td rowspan="4">7</td></tr>
<tr><td>2）晚宴妆的化妆程序</td></tr>
<tr><td>3）晚宴妆的化妆重点</td></tr>
<tr><td>4）不同主题晚宴妆的化妆</td></tr>
</table>

续表

模块	课程	学习单元	课程内容	培训建议	课堂学时
2. 发型制作	2-1 造型	(1) 时代潮流发型和地区风格发型的修剪与造型	1) 线条形态对发型风格的影响	(1) 方法：参观法、案例教学法、讲授法、讨论法实训（练习）法、项目教学法、实物示教法 (2) 重点与难点：时代潮流发型的发展与特点	5
			2) 时代潮流发型的发展与特点		
			3) 具有明显风格的地区发型的发展与特点		
		(2) 一发多变的方法和技巧	1) 一发多变的方法	(1) 方法：参观法、项目教学法、讲授法、讨论法 (2) 重点与难点：经典类发型一发多变的梳理造型	5
			2) 一发多变的分类		
			3) 经典类发型一发多变的梳理造型		
		(3) 美发技法革新	1) 美发理论创新	(1) 方法：讲授法、讨论法、情景表演法、实物示教法 (2) 重点与难点：美发理论创新	7
			2) 修剪技法的革新		
			3) 造型技法的革新		
		(4) 看图创意造型（复制 + 创意）	1) 看图创意造型（复制 + 创意）的方法	(1) 方法：演示法、案例教学法、讲授法、实训（练习）法 (2) 重点与难点：看图创意造型（复制 + 创意）的技巧	6
			2) 看图创意造型（复制 + 创意）的步骤		
			3) 看图创意造型（复制 + 创意）的技巧		
			4) 看图创意造型（复制 + 创意）案例		
	2-2 漂发与染发流行趋势预测	(1) 流行色与流行色彩趋势预测	1) 流行色彩知识	(1) 方法：演示法、案例教学法、讲授法、讨论法、实物示教法 (2) 重点与难点：流行色彩在发型上的运用	4
			2) 流行色彩在发型上的运用		
			3) 流行色彩趋势预测		
		(2) 漂发、染发设计	1) 根据流行色制定不同的漂发、染发方案	(1) 方法：案例教学法、讲授法、讨论法、情景表演法、实物示教法 (2) 重点与难点：根据发型制定不同的漂发、染发方案	6
			2) 根据发型制定不同的漂发、染发方案		
			3) 根据肤色制定不同的漂发、染发方案		
			4) 根据性格制定不同的漂发、染发方案		
			5) 多层次漂发、染发操作方法		

续表

<table>
<tr><th>模块</th><th>课程</th><th>学习单元</th><th>课程内容</th><th>培训建议</th><th>课堂学时</th></tr>
<tr><td rowspan="11">3. 培训与管理</td><td rowspan="7">3-1 培训指导</td><td rowspan="2">（1）培训与指导</td><td>1）培训计划的编写
①内容结构
②编写要求
③实例</td><td rowspan="2">（1）方法：案例教学法、演示法、讲授法、讨论法
（2）重点与难点：培训大纲的编写</td><td rowspan="2">6</td></tr>
<tr><td>2）培训大纲的编写
①内容结构
②编写要求
③实例</td></tr>
<tr><td rowspan="2">（2）PPT 课件制作</td><td>1）PPT 软件简介</td><td rowspan="2">（1）方法：案例教学法、演示法、讲授法、讨论法
（2）重点与难点：制作 PPT 课件</td><td rowspan="2">4</td></tr>
<tr><td>2）制作 PPT 课件</td></tr>
<tr><td rowspan="3">（3）专业技术论文的撰写</td><td>1）专业技术论文的概念</td><td rowspan="3">（1）方法：案例教学法、讲授法、讨论法
（2）重点与难点：专业技术论文的撰写要求</td><td rowspan="3">8</td></tr>
<tr><td>2）专业技术论文的常见格式</td></tr>
<tr><td>3）专业技术论文的撰写要求及实例</td></tr>
<tr><td rowspan="4">3-2 经营管理</td><td rowspan="1">（1）美发企业的市场拓展</td><td>1）店面的选择
2）店址的选择
3）店面装修
4）经营模式的制定
5）组织架构的安排
6）市场营销知识</td><td>（1）方法：参观法、案例教学法、讲授法、讨论法
（2）重点与难点：店面选择，经营模式的制定</td><td>6</td></tr>
<tr><td rowspan="3">（2）美发企业经营管理活动</td><td>1）财务管理的基本方法</td><td rowspan="3">（1）方法：案例教学法、演示法、讲授法、讨论法、项目教学法
（2）重点与难点：定额管理基本知识</td><td rowspan="3">6</td></tr>
<tr><td>2）定额管理基本知识</td></tr>
<tr><td>3）组织与分工管理基本知识</td></tr>
<tr><td colspan="5">课堂学时合计</td><td>100</td></tr>
</table>

2.2.7 培训建议中培训方法说明

1. 讲授法

讲授法指教师主要运用语言讲述，系统地向学员传授知识，传播思想理念，即教师通过叙述、描绘、解释、推论来传递信息、传授知识、阐明概念、论证定律和公式，引导学员获取知识，认识和分析问题。

2. 讨论法

讨论法指在教师的指导下，学员以班级或小组为单位，围绕学习单元的内容，对某一专题进行深入探讨，通过讨论或辩论活动，从而获得知识或巩固知识的一种教学方法，要求教师在讨论结束时对讨论的主题做归纳性总结。

3. 实训（练习）法

实训（练习）法指学员在教师的指导下巩固知识、运用知识，形成技能技巧的方法。通过实际操作的练习，形成操作技能。

4. 参观法

参观法指教师组织或指导学员进行实地观察、调查、研究和学习，使学员获得新知识或巩固已学知识的教学方法。参观教学法可细分为准备性参观、并行性参观、总结性参观等。

5. 演示法

演示法指在教学过程中，教师通过示范操作和讲解使学员获得知识、技能的教学方法。教学中，教师对操作内容进行现场演示，边操作边讲解，强调操作的关键步骤和注意事项，使学员边学边做，理论与技能并重，师生互动，提高学生的学习兴趣和学习效率。

6. 案例教学法

案例教学法指通过对案例进行分析，提出问题、分析问题，并找到解决问题的途径和手段，培养学员分析问题、处理问题的能力。

7. 项目教学法

项目教学法指以实际应用为目的，将理论知识与实际工作相结合，通过师生共同完成一个完整的项目工作，使学员获得知识和实践操作能力与解决实际问题能力的教学方法。其实施以小组为学习单位，步骤一般分为确定项目任务、计划、决策、实施、检查和评价 6 个步骤。强调学员在学习过程中的主体地位，以学员为中心，以学员学习为主、教师指导为辅，通过完成教学项目，激发学员的学习积极性，使学员既获得相关理论知识，又掌握实践技能和工作方法，提高学员解决实际问题的综合能力。

8. 角色扮演法

角色扮演法指学员通过不同角色的扮演，体验自身角色的内涵活动和对方角色的心理，充分展现各种角色的“为”和“位”。在餐厅服务员角色扮演中的“角色”一般分为服务者和消费者两大类角色，学员通过角色扮演，学习和运用服务技能，以达到能够对消费者提供服务的标准。

9. 情景表演法

情景表演法指教师在实施培训前事先准备和布置培训现场，并设定情景表演的情景、对话内容及评估标准，通过学员现场的情景表演活动以及教师对活动效果的及时评估，从而达到培训的预期效果。

10. 实物示教法

实物示教法指教师通过实物的操作演示或对学员实物操作演示的评价，实现对学员技能操作步骤和要领掌握情况的检查、纠错、修正，并演示正确操作方法的一种教学方法。

11. 观摩法

观摩法指让学员通过现场观摩、观看视频等形式，学习、获取知识、技能的一种教学方法。

2.3 考核规范

2.3.1 职业基本素质培训考核规范

考核范围	考核比重（%）	考核内容	考核比重（%）	考核单元
1. 美发师职业认知与职业道德	7	1-1 美发师职业认知	3	美发师职业认知
		1-2 美发师职业道德与职业守则	4	美发师职业道德与职业守则

续表

考核范围	考核比重（%）	考核内容	考核比重（%）	考核单元
2. 美发发展简史	7	2–1 我国美发发展简史	4	我国美发发展简史
		2–2 国际美发发展简史	3	国际美发发展简史
3. 美发服务管理知识	12	3–1 美发服务接待	4	美发服务接待程序和方法
		3–2 美发岗位责任	2	美发岗位责任
		3–3 服务规范及规章制度	4	服务规范与规章制度
		3–4 公共关系基本知识	2	美发企业公共关系
4. 美发行业卫生知识	8	4–1 美发环境卫生	4	美发环境卫生
		4–2 美发师个人卫生	4	美发师个人卫生与形象
5. 美发相关人体生理基本知识	12	5–1 头部骨骼基本常识	2	（1）人体各部位名称与骨骼标志划分知识
				（2）头部骨骼知识
		5–2 人体肌肉、皮肤基本常识	3	头、面、颈、肩肌肉与皮肤基本常识
		5–3 毛发生理知识	4	毛发知识
		5–4 头发日常保养与护理知识	3	头发护理
6. 脸型、头型及体型知识	8	6–1 脸型知识	2	脸型分类与特征
		6–2 头型、身材知识	4	头型、身材的分类与特征
		6–3 发型结构知识	2	发型结构知识

续表

考核范围	考核比重（%）	考核内容	考核比重（%）	考核单元
7. 美发按摩基础知识	9	7-1 按摩原理及用品用具	4	（1）按摩的原理与应用
				（2）按摩用具与用品
		7-2 按摩常用手法	2	按摩常用手法
		7-3 人体经络穴位及保健作用	3	头面部、肩颈部经络穴位保健
8. 美发工具、用品及仪器的维护保养知识	12	8-1 美发工具、用品知识	4	美发工具、用品的种类、性能与用途
		8-2 美发仪器知识	4	美发仪器的种类、性能与用途
		8-3 美发工具及仪器的维护保养	4	美发工具及仪器的维护保养
9. 美发化学用品知识	9	9-1 美发洗护用品	3	洗护用品的种类、性能与用途
		9-2 美发烫发、染发、漂发用品	3	（1）烫发剂的种类、性能与作用
				（2）染发剂的种类、性能与作用
				（3）漂发剂的种类、性能与作用
		9-3 美发造型用品	3	美发造型用品
10. 色彩知识	6	10-1 色彩的构成及功能	2	色的概念与功能
		10-2 调配色彩基本常识	2	色彩调配常识
		10-3 色调的选择	2	色调的选择方法
11. 发型素描知识	6	11-1 素描常识	2	素描基本知识
		11-2 素描线条	2	素描线条
		11-3 发型素描	2	发型素描
12. 发型美学的基本概念	4	12-1 发型美学基础	4	发型美的本质、特征及形态风格

2.3.2 五级 / 初级工职业技能培训理论知识考核规范

考核范围	考核比重（%）	考核内容	考核比重（%）	考核单元
1. 工作准备	6	1-1 工具、用品准备	4	（1）美发工具、用品的检查、清洁与消毒
				（2）美发操作用品、物品的准备
		1-2 工作环境的准备	2	（1）调整服务环境
				（2）清扫发屑、整理工作环境
2. 接待服务	6	2-1 接待礼仪	3	（1）美发师仪容仪表及规范礼貌用语
				（2）美发接待规范
		2-2 服务介绍	3	美发服务项目
3. 洗发与按摩	12	3-1 洗发	5	（1）发质分类与洗发用品选用
				（2）洗发操作
				（3）洗后护发
				（4）冲净头发，毛巾包头
		3-2 按摩	7	（1）头部按摩
				（2）肩部、颈部按摩
4. 发型制作	60	4-1 修剪	22	（1）剪发类工具的使用
				（2）男式基本发型分类与基本操作方法
				（3）女式生活类短发的修剪方法
		4-2 烫发	16	（1）烫发卷杠
				（2）烫发操作
				（3）烫发质量判断
		4-3 吹风造型	22	（1）吹风操作的基本方法和程序
				（2）男式发型吹风操作程序、操作技巧和质量标准
				（3）男式有色调发型的吹风造型
				（4）女式发型的吹风造型
				（5）电卷棒、电夹板造型操作
				（6）脸型、头型特点与造型手法

续表

考核范围	考核比重（%）	考核内容	考核比重（%）	考核单元
5. 染发	10	5-1　白发染黑	5	（1）染发基本知识
				（2）白发染黑操作
		5-2　染深	5	染深操作
6. 头皮与头发护理	6	6-1　头皮护理	3	（1）头皮护理用品
				（2）头皮护理操作
		6-2　头发护理	3	（1）头发护理用品
				（2）头发护理操作

2.3.3　五级 / 初级工职业技能培训操作技能考核规范

考核范围	考核比重（%）	考核内容	考核比重（%）	考核形式	选考方式	考核时间（min）	重要程度
1. 洗发	6	洗发	6	实操	必考	10	X
2. 按摩	6	（1）头部按摩	3	实操	必考	10	Y
		（2）肩部、颈部按摩	3				Y
3. 发型制作	64	（1）男式、女式发型修剪	22	实操	选考	20	Z
		（2）男式、女式发型吹风	20		选考	15	Z
		（3）烫发操作	22		必考	50	Z
4. 染发	14	染发操作	14	实操	必考	60	Z
5. 头皮与头发护理	10	（1）头皮护理	5	实操	必考	50	X
		（2）头发护理	5				

注：上述表格中重要程度分为 X、Y、Z 三种指标，Z 表示重点，Y 表示次重点，X 表示一般。

2.3.4 四级 / 中级工职业技能培训理论知识考核规范

考核范围	考核比重（%）	考核内容	考核比重（%）	考核单元
1. 接待服务	4	1-1 服务前的沟通	1	与顾客进行服务前的沟通
		1-2 咨询服务	3	（1）顾客发质状况的咨询服务
				（2）常用美发用品的咨询服务
				（3）推荐发型的咨询服务
2. 发型制作	46	2-1 修剪	14	（1）削刀削发
				（2）推剪男式发型
				（3）修剪女式发型
				（4）修剪工具的维护和保养
		2-2 烫发	16	（1）选择烫发剂和卷杠排列方法
				（2）判断卷发效果及补救措施
				（3）烫前、烫后的护理操作
				（4）操作热能烫设备
		2-3 吹风造型	16	（1）使用固发、饰发用品造型
				（2）梳刷工具与吹风机的配合制作发型
				（3）男式有缝、无缝色调发型的吹风造型
				（4）女式多种层次发型的吹风造型
3. 剃须修面	20	3-1 剃须修面前的工作准备	6	（1）磨、趟剃刀
				（2）清洁面部皮肤
		3-2 剃须	14	（1）绷紧皮肤的手法
				（2）剃须修面
4. 染发	18	4-1 材料选择	6	（1）选择染发剂
				（2）选用染膏与双氧乳
		4-2 染发操作	12	（1）染发剂调配
				（2）染发剂涂放
				（3）染后护理

续表

考核范围	考核比重（%）	考核内容	考核比重（%）	考核单元
5. 接发与假发操作	12	5–1　接发操作与调整	4	（1）接发材料选用
				（2）接发操作
				（3）接发调整
		5–2　假发操作与调整	8	（1）假发洗护
				（2）假发修剪
				（3）假发吹风造型
				（4）假发混合造型

2.3.5　四级 / 中级工职业技能培训操作技能考核规范

考核范围	考核比重（%）	考核内容	考核比重（%）	考核形式	选考方式	考核时间（min）	重要程度
1. 发型制作	60	（1）男式、女式发型修剪	25	实操	选考	20	Z
		（2）男式、女式发型吹风	15			15	Z
		（3）烫发操作	20		必考	50	Z
2. 剃须修面	20	剃须修面操作	20	实操	必考	15	Z
3. 染发	10	染发操作	10	实操	必考	50	Y
4. 接发	10	接发操作	10	实操	必考	20	Y

注：上述表格中 Z 表示重点，Y 表示次重点。

2.3.6　三级 / 高级工职业技能培训理论知识考核规范

核范围	考核比重（%）	考核内容	考核比重（%）	考核单元
1. 发型设计	20	1–1　设计构思	5	发型设计构思
		1–2　发型素描	15	（1）脸型、五官素描
				（2）发型轮廓素描
				（3）发型设计素描

续表

核范围	考核比重（%）	考核内容	考核比重（%）	考核单元
2. 发型制作	55	2-1　修剪	13	（1）男发修剪
				（2）波浪式发型修剪
		2-2　烫发	17	（1）卷杠、工具与卷杠手法的选择
				（2）现代烫发新工艺的操作
		2-3　造型	25	（1）经典波浪式发型造型
				（2）盘发、包发、束发、编发造型
				（3）发片造型
3. 剃须修面	10	3-1　剃须	6	（1）修剃络腮胡须
				（2）修剃多种特殊胡须
		3-2　修面	4	（1）多种刀法修面
				（2）“七十二刀半”修面
4. 漂发与染发	15	4-1　漂发与染发的选择	5	漂发与染发选择
		4-2　漂发与染发操作	10	（1）漂色剂调配
				（2）局部染操作
				（3）涂放漂色剂、染发剂及着色
				（4）漂发、染发护理

2.3.7　三级 / 高级工职业技能培训操作技能考核规范

考核范围	考核比重（%）	考核内容	考核比重（%）	考核形式	选考方式	考核时间（min）	重要程度
1. 发型设计	20	发型素描	20	笔试	必考	15	Z
2. 发型制作	55	（1）男式发型剪吹	15	实操	选考	35	Z
		（2）女式发型剪吹	15			35	Z
		（3）女式中长发盘卷	8		必考	15	Y
		（4）女式长发束发类发型盘束	17		选考	30	Z

续表

考核范围	考核比重（%）	考核内容	考核比重（%）	考核形式	选考方式	考核时间（min）	重要程度
3. 剃须修面	10	（1）络腮胡须剃须操作	6	实操	必考	20	Z
		（2）络腮胡须修面操作	4				Z
4. 漂发与染发	15	女式短发漂染操作	15	实操	必考	60	Y

注：上述表格中 Z 表示重点，Y 表示次重点。

2.3.8 二级 / 技师职业技能培训理论知识考核规范

考核范围	考核比重（%）	考核内容	考核比重（%）	考核单元
1. 整体设计	45	1-1 发型设计	15	（1）发型美学知识
				（2）发型的外形设计方法
				（3）发型的内形设计方法
				（4）发型设计案例
		1-2 发型绘制	10	（1）发型素描图
				（2）发型结构图
		1-3 化妆	8	（1）化妆的概念与分类
				（2）化妆用品、用具的选择与使用
				（3）化妆与脸型
				（4）基本妆的化妆技术
				（5）生活妆的化妆技术
		1-4 形象设计	12	（1）整体形象设计要素
				（2）整体形象设计案例
2. 发型制作	35	2-1 修剪	10	（1）不同风格发型的修剪
				（2）不同修剪手法与技巧
				（3）运用剪切口（刀口）角度变化修剪发型
				（4）发型动态方向的调整方法
				（5）看图修剪
		2-2 造型	15	（1）婚礼、宴会、舞会发型造型
				（2）直发、曲发组合造型

续表

考核范围	考核比重（%）	考核内容	考核比重（%）	考核单元
2. 发型制作				（3）发饰制作
				（4）看图造型（复制）
				（5）男士古典发型造型
		2-3 漂发与染发的色彩调整造型	10	（1）多种漂、染技术的运用
				（2）头发颜色调整
3. 胡髭与胡须修饰	10	3-1 胡髭修饰与造型	5	胡髭的修饰与造型
		3-2 胡须修饰与造型	5	胡须的修饰与造型
4. 培训与管理	10	4-1 培训指导	5	（1）培训与指导
				（2）培训教案的编写
				（3）撰写专业技术小结
		4-2 技术管理	5	（1）员工沟通技巧
				（2）服务质量评估与改进

2.3.9 二级 / 技师职业技能培训操作技能考核规范

考核范围	考核比重（%）	考核内容	考核比重（%）	考核形式	选考方式	考核时间（min）	重要程度
1. 整体设计	40	（1）整体形象设计方案	8	笔试	选考	40	Y
		（2）素描	8			30	Y
		（3）化妆	8	实操		30	Y
		（4）发型设计	10			30	Z
		（5）服饰搭配	6			15	Y
2. 发型制作	32	（1）修剪与造型	22	实操	选考	35	Z
		（2）漂染造型	10			130	Z
3. 胡髭与胡须修饰	8	胡髭、胡须修饰与造型	8	实操	必考	25	Y
4. 综合能力考核	20	（1）撰写专业技术小结	12	笔试	必考	30	Z
		（2）综合技术案例分析	8	口试			Z

注：上述表格中 Z 表示重点，Y 表示次重点。

2.3.10 一级 / 高级技师职业技能培训理论知识考核规范

考核范围	考核比重（%）	考核内容	考核比重（%）	考核单元
1. 整体设计	40	1-1 发型设计	16	（1）艺术观赏发型设计制作
				（2）主题系列创意发型设计制作
				（3）整体形象设计
		1-2 发型绘制	12	（1）三维立体素描技法
				（2）计算机发型绘制
		1-3 化妆	12	（1）新娘妆的化妆技术
				（2）晚宴妆的化妆技术
2. 发型制作	45	2-1 造型	35	（1）时代潮流发型和地区风格发型的修剪与造型
				（2）一发多变的方法和技巧
				（3）美发技法革新
				（4）看图创意造型（复制 + 创意）
		2-2 漂发与染发流行趋势预测	10	（1）流行色与流行色彩趋势预测
				（2）漂发、染发设计
3. 培训与管理	15	3-1 培训指导	8	（1）培训与指导
				（2）PPT 课件制作
				（3）专业技术论文的撰写
		3-2 经营管理	7	（1）美发企业的市场拓展
				（2）美发企业经营管理活动

2.3.11 一级 / 高级技师职业技能培训操作技能考核规范

考核范围	考核比重（%）	考核内容	考核比重（%）	考核形式	选考方式	考核时间（min）	重要程度
1. 整体设计	40	（1）整体造型设计方案	7	笔试	选考	40	Y
		（2）发型绘制	7			45	Y
		（3）化妆	11	实操		40	Z

续表

<table>
<tr><th>考核范围</th><th>考核比重（%）</th><th>考核内容</th><th>考核比重（%）</th><th>考核形式</th><th>选考方式</th><th>考核时间（min）</th><th>重要程度</th></tr>
<tr><td rowspan="2">1. 整体设计</td><td rowspan="2"></td><td>（4）发型设计</td><td>11</td><td rowspan="2">实操</td><td rowspan="2">选考</td><td>40</td><td>Z</td></tr>
<tr><td>（5）服饰搭配</td><td>4</td><td>15</td><td>X</td></tr>
<tr><td rowspan="2">2. 发型制作</td><td rowspan="2">25</td><td>（1）修剪与造型</td><td>13</td><td rowspan="2">实操</td><td rowspan="2">选考</td><td>35</td><td>Z</td></tr>
<tr><td>（2）漂染造型</td><td>12</td><td>130</td><td>Z</td></tr>
<tr><td rowspan="2">3. 一发多变</td><td rowspan="2">20</td><td>（1）女式长发盘卷、传统长发波浪梳理造型</td><td>12</td><td rowspan="2">实操</td><td>必考</td><td>45</td><td>Z</td></tr>
<tr><td>（2）在传统长发波浪式发型的基础上进行一发多变的发型造型</td><td>8</td><td>选考</td><td>30</td><td>Z</td></tr>
<tr><td rowspan="2">4. 综合能力考核</td><td rowspan="2">15</td><td>（1）撰写专业技术论文</td><td>9</td><td>笔试</td><td rowspan="2">必考</td><td rowspan="2">30</td><td>Z</td></tr>
<tr><td>（2）综合技术案例分析</td><td>6</td><td>口试</td><td>Z</td></tr>
</table>

注：上述表格中 Z 表示重点，Y 表示次重点，X 表示一般。

附录

培训要求与课程规范对照表

附录 1　职业基本素质培训要求与课程规范对照表

2.1.1　职业基本素质培训要求			2.2.1　职业基本素质培训课程规范			
职业基本素质模块（模块）	培训内容（课程）	培训细目	学习单元	课程内容	培训建议	课堂学时
1. 美发师职业认知与职业道德	1–1　美发师职业认知	（1）美发师职业简介 （2）美发师工作内容 （3）美发师职业规划	美发师职业认知	1）美发师职业简介 2）美发师工作内容 3）美发师职业规划	（1）方法：讲授法、讨论法 （2）重点与难点：美发师工作内容、美发师职业规划	1
	1–2　美发师职业道德与职业守则	（1）美发师职业道德 （2）美发师职业守则	美发师职业道德与职业守则	1）道德与职业道德的概念 2）职业道德的作用 3）美发师职业道德规范 4）美发师职业守则 ①爱国守法、爱岗敬业 ②诚信规范、安全卫生 ③传承弘扬、刻苦钻研 ④坚持匠心、精益求精	（1）方法：讲授法、案例教学法、讨论法 （2）重点与难点：职业道德的作用、美发师职业道德规范	1
2. 美发发展简史	2–1　我国美发发展简史	（1）我国美发发展历史 （2）我国美发现状 （3）我国美发发展前景	我国美发发展简史	1）我国美发发展历史 2）我国美发现状 3）我国美发发展前景	（1）方法：讲授法、讨论法 （2）重点与难点：我国美发发展前景	1
	2–2　国际美发发展简史	（1）国际美发发展历史 （2）国际美发现状 （3）国际美发发展前景	国际美发发展简史	1）国际美发发展历史 2）国际美发现状 3）国际美发发展前景	（1）方法：讲授法、案例教学法 （2）重点与难点：国际美发发展前景	1
3. 美发服务管理知识	3–1　美发服务接待	（1）服务接待程序 （2）服务接待方法	美发服务接待程序和方法	1）服务接待程序 ①迎客 ②美发操作 ③送客 2）服务接待方法	（1）方法：讲授法、讨论法 （2）重点与难点：服务接待方法	1

续表

2.1.1 职业基本素质培训要求			2.2.1 职业基本素质培训课程规范			
职业基本素质模块（模块）	培训内容（课程）	培训细目	学习单元	课程内容	培训建议	课堂学时
3. 美发服务管理知识	3-2 美发岗位责任	（1）美发岗位划分 （2）美发岗位责任	美发岗位责任	1）美发岗位划分 2）美发岗位责任 ①服务接待岗位责任 ②洗护助理岗位责任 ③烫染助理岗位责任 ④美发师岗位责任 ⑤美发经理岗位责任 ⑥技术总监岗位责任	（1）方法：讲授法、讨论法、案例教学法 （2）重点与难点：美发岗位责任	3
	3-3 服务规范及规章制度	（1）服务规范 （2）规章制度	服务规范与规章制度	1) 服务规范 ①技术管理制度 ②服务质量标准 2）规章制度 ①物料领用制度 ②考核分配及奖惩制度 ③员工考勤及岗位责任制 ④员工守则 ⑤卫生制度	（1）方法：讲授法、讨论法、案例教学法 （2）重点与难点：服务质量标准	1
	3-4 公共关系基本知识	（1）公共关系知识 （2）美发企业公共关系的任务	美发企业公共关系	1）公共关系的概念 2）美发企业公共关系的任务 ①在公众中树立良好的企业形象 ②做好对外宣传和沟通工作	（1）方法：讲授法、讨论法、案例教学法 （2）重点与难点：美发企业公共关系的任务	1
4. 美发行业卫生知识	4-1 美发环境卫生	（1）店容店貌 （2）环境卫生	美发环境卫生	1）店容店貌要求 2）环境卫生要求 ①室内空气卫生 ②室内环境整洁 3）设备、工具、洁具、用品清洁消毒	（1）方法：讲授法、讨论法、案例教学法 （2）重点与难点：环境卫生要求	1
	4-2 美发师个人卫生	（1）个人卫生 （2）个人形象	美发师个人卫生与形象	1）个人卫生要求 2）个人形象要求 ①个人仪表 ②个人仪容	（1）方法：讲授法、讨论法、案例教学法 （2）重点与难点：个人卫生和个人形象要求	

续表

<table>
<tr><th colspan="3">2.1.1　职业基本素质培训要求</th><th colspan="4">2.2.1　职业基本素质培训课程规范</th></tr>
<tr><th>职业基本素质模块（模块）</th><th>培训内容（课程）</th><th>培训细目</th><th>学习单元</th><th>课程内容</th><th>培训建议</th><th>课堂学时</th></tr>
<tr><td rowspan="10">5. 美发相关人体生理基本知识</td><td rowspan="4">5-1　头部骨骼基本常识</td><td rowspan="4">（1）人体各部位名称、术语
（2）人体骨骼标志划分
（3）头部骨骼的构成</td><td rowspan="2">（1）人体各部位名称与骨骼标志划分知识</td><td>1）人体各部位名称、术语</td><td rowspan="4">（1）方法：讲授法、案例教学法
（2）重点与难点：头部骨骼、人体骨骼标志划分</td><td rowspan="4">2</td></tr>
<tr><td>2）人体骨骼标志划分
①颅骨
②躯干
③上肢
④下肢</td></tr>
<tr><td rowspan="2">（2）头部骨骼知识</td><td>1）脑颅的构成</td></tr>
<tr><td>2）面颅的构成</td></tr>
<tr><td rowspan="2">5-2　人体肌肉、皮肤基本常识</td><td rowspan="2">（1）头、面、颈、肩肌肉
（2）皮肤</td><td rowspan="2">头、面、颈、肩肌肉与皮肤基本常识</td><td>1）头、面、颈、肩肌肉的结构
①头部肌肉的结构
②面部肌肉的结构
③颈部肌肉的结构
④肩部肌肉的结构</td><td rowspan="2">（1）方法：演示法、讲授法、讨论法
（2）重点与难点：头、面、颈、肩肌肉的结构</td><td rowspan="2">1</td></tr>
<tr><td>2）皮肤的结构</td></tr>
<tr><td rowspan="2">5-3　毛发生理知识</td><td rowspan="2">（1）毛发的结构
（2）毛发生理基本常识</td><td rowspan="2">毛发知识</td><td>1）毛发的结构</td><td rowspan="2">（1）方法：讲授法、讨论法、案例教学法
（2）重点与难点：毛发生理基本常识</td><td rowspan="2">1</td></tr>
<tr><td>2）毛发生理基本常识
①表皮层
②皮质层
③髓质层</td></tr>
<tr><td rowspan="2">5-4　头发日常保养与护理知识</td><td rowspan="2">（1）头发日常保养的重要性
（2）头发日常保养与护理</td><td rowspan="2">头发护理</td><td>1）头发日常保养的重要性
2）正常健康头发生长的必备条件</td><td rowspan="2">（1）方法：演示法、讲授法、讨论法、案例教学法
（2）重点与难点：正常健康头发生长的必备条件</td><td rowspan="2">1</td></tr>
<tr><td>3）头发日常保养与护理
①油性发质
②干性发质
③中性发质
④受损发质</td></tr>
<tr><td rowspan="2">6. 脸型、头型、身材知识</td><td rowspan="2">6-1　脸型知识</td><td rowspan="2">（1）脸型分类
（2）脸型特征</td><td rowspan="2">脸型分类与特征</td><td>1）脸型分类</td><td rowspan="2">（1）方法：讲授法、讨论法、案例教学法
（2）重点与难点：脸型特征</td><td rowspan="2">1</td></tr>
<tr><td>2）脸型特征
①椭圆形脸
②圆形脸
③长方形脸
④方形脸
⑤正三角形脸
⑥倒三角形脸
⑦菱形脸</td></tr>
</table>

续表

<table>
<tr><th colspan="3">2.1.1 职业基本素质培训要求</th><th colspan="4">2.2.1 职业基本素质培训课程规范</th></tr>
<tr><th>职业基本素质模块（模块）</th><th>培训内容（课程）</th><th>培训细目</th><th>学习单元</th><th>课程内容</th><th>培训建议</th><th>课堂学时</th></tr>
<tr><td rowspan="6">6. 脸型、头型、身材知识</td><td rowspan="4">6-2 头型、身材知识</td><td rowspan="4">（1）头型分类
（2）头型特征
（3）身材分类
（4）身材特征</td><td rowspan="4">头型、身材的分类与特征</td><td>1）头型分类</td><td rowspan="4">（1）方法：讲授法、讨论法
（2）重点与难点：头型特征</td><td rowspan="4">2</td></tr>
<tr><td>2）头型特征
①椭圆头型
②平顶头型
③尖顶头型
④枕骨凹头型
⑤枕骨凸头型</td></tr>
<tr><td>3）身材分类</td></tr>
<tr><td>4）身材特征
①高瘦型
②高大型
③矮胖型
④矮小型</td></tr>
<tr><td rowspan="2">6-3 发型结构知识</td><td rowspan="2">（1）发型分类
（2）发型结构</td><td rowspan="2">发型结构知识</td><td>1）发型分类</td><td rowspan="2">（1）方法：讲授法、讨论法
（2）重点与难点：发型分类</td><td rowspan="2">1</td></tr>
<tr><td>2）发型结构</td></tr>
<tr><td rowspan="9">7. 按摩基础知识</td><td rowspan="5">7-1 按摩原理及用品用具</td><td rowspan="5">（1）按摩原理
（2）美发行业的按摩应用
（3）按摩用具及使用注意事项
（4）按摩用品及使用注意事项</td><td rowspan="2">（1）按摩的原理与应用</td><td>1）按摩原理</td><td rowspan="2">（1）方法：演示法、讲授法、讨论法
（2）重点与难点：美发行业的按摩应用</td><td rowspan="2">1</td></tr>
<tr><td>2）美发行业的按摩应用</td></tr>
<tr><td rowspan="3">（2）按摩用具与用品</td><td>1）按摩用具</td><td rowspan="3">（1）方法：演示法、讲授法、讨论法
（2）重点与难点：按摩作用</td><td rowspan="3">1</td></tr>
<tr><td>2）按摩用品</td></tr>
<tr><td>3）按摩作用
①经络疏通
②平衡阴阳
③调整脏腑</td></tr>
<tr><td rowspan="4">7-2 按摩常用手法</td><td rowspan="4">（1）按摩手法的种类及其作用
（2）按摩注意事项</td><td rowspan="4">按摩常用手法</td><td>1）按摩手法的种类</td><td rowspan="4">（1）方法：演示法、讲授法
（2）重点与难点：按摩手法、按摩注意事项</td><td rowspan="4">2</td></tr>
<tr><td>2）按摩手法
①推
②拿
③按
④摩
⑤捏
⑥揉
⑦点
⑧拍</td></tr>
<tr><td>3）按摩手法的作用</td></tr>
<tr><td>4）按摩注意事项</td></tr>
</table>

续表

2.1.1 职业基本素质培训要求			2.2.1 职业基本素质培训课程规范			
职业基本素质模块（模块）	培训内容（课程）	培训细目	学习单元	课程内容	培训建议	课堂学时
7. 按摩基础知识	7-3 人体头、颈、肩的经络穴位及保健作用	（1）头面部经络穴位 （2）肩颈部经络穴位 （3）经络穴位定位常用方法	（1）头面部、肩颈部经络穴位保健	1）头面部经络穴位 2）肩颈部经络穴位 3）经络穴位定位常用方法	（1）方法：讲授法、讨论法、案例教学法 （2）重点与难点：头面部经络穴位、经络穴位定位常用方法	2
8. 美发工具、用品及仪器的维护保养知识	8-1 美发工具、用品知识	（1）美发工具的种类、性能与用途 （2）美发用品的种类、性能与用途	美发工具、用品的种类、性能与用途	1）美发工具种类 2）修剪（推剪）、梳理类工具、用品的性能与用途 3）吹风类工具、用品的性能与用途 4）烫发（染发）类工具、用品的性能与用途 5）其他美发工具、用品的性能与用途	（1）方法：讲授法、讨论法 （2）重点与难点：美发工具及用品的性能、用途	1
	8-2 美发仪器知识	（1）美发仪器的种类 （2）美发仪器的性能与用途	美发仪器的种类、性能与用途	1）美发仪器种类 2）美发仪器的性能与用途	（1）方法：讲授法、讨论法 （2）重点与难点：美发仪器的性能与用途	1
	8-3 美发工具及仪器的维护保养	（1）电学基本知识 （2）美发电器的结构 （3）美发工具及仪器的维护保养	美发工具及仪器的维护保养	1）电学基本知识 2）美发电器结构 3）工具及仪器的保养方法	（1）方法：讲授法、讨论法 （2）重点与难点：工具及仪器的保养方法	1
9. 美发化学用品知识	9-1 美发洗护用品	（1）洗护用品的种类 （2）洗发用品的成分与用途 （3）护发用品的成分与用途	洗护用品的种类、性能与用途	1）洗护用品的种类 2）洗发用品的成分 3）洗发用品的用途 4）护发用品的成分 5）护发用品的用途 ①护发素 ②营养焗油膏	（1）方法：讲授法、讨论法 （2）重点与难点：洗护用品的种类、护发用品的用途	2

续表

2.1.1 职业基本素质培训要求			2.2.1 职业基本素质培训课程规范			
职业基本素质模块（模块）	培训内容（课程）	培训细目	学习单元	课程内容	培训建议	课堂学时
9. 美发化学用品知识	9-2 美发烫发、染发、漂发用品	（1）烫发剂的种类、性能与作用 （2）染发剂的种类、性能与作用 （3）漂发剂的种类、性能与作用	（1）烫发剂的种类、性能与作用	1）烫发剂的种类 ①碱性烫发剂 ②酸性烫发剂 ③微酸性烫发剂	（1）方法：演示法、讲授法、讨论法 （2）重点与难点：烫发剂的性能与作用、染发剂的种类	2
				2）烫发剂的性能与作用		
			（2）染发剂的种类、性能与作用	1）染发剂的种类 ①临时性染料 ②非永久性燃料 ③永久性染料		
				2）染发剂的性能与作用		
			（3）漂发剂的种类、性能与作用	1）漂发剂的种类		
				2）漂发剂的性能与作用		
	9-3 美发造型用品	（1）美发造型用品的种类 （2）美发造型用品的性能与作用	美发造型用品	1）美发造型用品的种类 ①定型水 ②摩丝 ③啫喱膏（水） ④发雕 ⑤造型泥	（1）方法：演示法、讲授法、讨论法 （2）重点与难点：美发造型用品的性能与作用	2
				2）美发造型用品的性能与作用		
10. 色彩知识	10-1 色彩的构成及功能	（1）色彩的构成 （2）色彩的功能 （3）色彩与物体 （4）色彩的分类	色的概念与功能	1）色彩与光	（1）方法：演示法、讲授法 （2）重点与难点：色彩与视觉、色彩的功能	2
				2）色彩与视觉		
				3）色彩与物体		
				4）色彩的分类		
				5）色彩的功能 ①红色功能 ②黄色功能 ③蓝色功能 ④白色功能 ⑤黑色功能		

续表

2.1.1　职业基本素质培训要求			2.2.1　职业基本素质培训课程规范			
职业基本素质模块（模块）	培训内容（课程）	培训细目	学习单元	课程内容	培训建议	课堂学时
10. 色彩知识	10–2　调配色彩的基本常识	（1）三原色 （2）邻近色 （3）相对色	色彩调配常识	1）三原色 2）邻近色 3）相对色	（1）方法：演示法、讲授法、讨论法 （2）重点与难点：三原色	1
	10–3　色调的选择	（1）色调知识 （2）选择色调 （3）色板、染膏颜色代码	色调的选择方法	1）色调 2）选择色调的方法 3）色板与染膏颜色代码	（1）方法：演示法、讲授法、讨论法 （2）重点与难点：色板与染膏颜色代码	2
11. 发型素描知识	11–1　素描常识	（1）素描的分类 （2）素描的工具及用品 （3）美发素描的作用	素描基本知识	1）素描的概念 2）素描的分类 3）素描的工具及用品 4）美发素描的功能及目的 5）素描绘制的基本要求 ①握笔的姿势 ②观察力 ③分析能力 ④感悟能力 ⑤表现能力	（1）方法：演示法、讲授法、讨论法 （2）重点与难点：美发素描的功能及目的	3
	11–2　素描线条	（1）各种线条的运用原理 （2）各种线条的表现手法 （3）明暗调子的形成	素描线条	1）各种线条的运用原理 2）各种线条的表现手法 3）明暗调子的形成	（1）方法：演示法、讲授法、讨论法 （2）重点与难点：各种线条的运用原理	2
	11–3　发型素描	（1）发型素描的基本方法 （2）发型素描的注意事项	发型素描	1）面部五官定位 2）发型描绘 ①直发的绘画 ②曲发的绘画 3）发型素描要注意的细节问题	（1）方法：演示法、讲授法、讨论法 （2）重点与难点：发型素描要注意的细节问题	3
12. 发型美学基本概念	12–1　发型美学本质和特征	（1）发型美的本质 （2）发型美的特征	发型美的本质、特征及形态风格	1）发型美的本质 2）发型美的特征 ①物质性与时限性 ②形象性与象征性 ③功能性与观赏性 ④趋同性与差异性 ⑤装饰性与综合性	（1）方法：演示法、讲授法、讨论法 （2）重点与难点：现代发型形式美法则的应用	2

续表

2.1.1 职业基本素质培训要求			2.2.1 职业基本素质培训课程规范			
职业基本素质模块（模块）	培训内容（课程）	培训细目	学习单元	课程内容	培训建议	课堂学时
12. 发型美学基本概念	12-2 发型美的应用	（1）发型美的形态风格 （2）现代发型形式美法则的应用	发型美的本质、特征及形态风格	3）发型美的形态风格 ①发质自然美 ②结构形式美 ③人体和谐美 ④服饰配合美 ⑤工艺技术美 ⑥举止行为美		
				4）现代发型形式美法则的应用 ①点的应用 ②线的运用 ③面的运用		
课堂学时合计						50

附录 2　五级 / 初级工职业技能培训要求与课程规范对照表

2.1.2 五级 / 初级工职业技能培训要求				2.2.2 五级 / 初级工职业技能培训课程规范			
职业功能模块（模块）	培训内容（课程）	技能目标	培训细目	学习单元	课程内容	培训建议	课堂学时
1. 工作准备	1-1 工具、用品准备	1-1-1 能检查美发工具可否正常使用，能对美发工具进行清洁、消毒	（1）能检查剪发工具可否正常使用 （2）能检查烫发、染发工具可否正常使用 （3）能检查吹风造型工具可否正常使用 （4）能检查剃须修面工具可否正常使用 （5）能对常用美发工具进行清洁与消毒 （6）能对常用美发工具进行保养	（1）美发工具、用品的检查、清洁与消毒	1）美发工具的检查 ①剪发工具的检查 ②剃须修面工具的检查 ③烫发、染发工具的检查 ④吹风造型工具的检查	（1）方法：讲授法、演示法、讨论法 （2）重点与难点：剃须修面工具的检查，常用美发工具的清洁、消毒	4
					2）美发工具的准备要求		
					3）常用美发工具的清洁、消毒		
					4）常用美发工具的保养		

续表

2.1.2 五级 / 初级工职业技能培训要求				2.2.2 五级 / 初级工职业技能培训课程规范			
职业功能模块（模块）	培训内容（课程）	技能目标	培训细目	学习单元	课程内容	培训建议	课堂学时
1. 工作准备	1-1 工具、用品准备	1-1-2 能为美发操作准备用品、物品	（1）能准备各类美发围布、毛巾 （2）能准备洗发用品、护发用品、造型用品及饰品	（2）美发操作用品、物品的准备	1）围布、毛巾的分类 2）洗发、护发用品知识 3）美发造型用品、饰品知识	（1）方法：讲授法、讨论法 （2）重点与难点：美发造型用品、饰品知识	4
	1-2 工作环境的准备	1-2-1 能根据顾客需要调整服务环境	（1）能做好美发服务环境卫生工作 （2）能布置好美发服务环境	（1）调整服务环境	1）美发服务环境的范围 2）美发服务环境卫生要求 3）美发服务环境的准备要求	（1）方法：参观法、讲授法、讨论法 （2）重点与难点：美发服务环境的准备要求	2
		1-2-2 能清扫发屑、整理工作环境	（1）能及时清扫发屑 （2）能及时整理工作环境	（2）清扫发屑、整理工作环境	1）及时清扫发屑的要求 2）及时整理工作环境的要求	（1）方法：讲授法、示范法、讨论法 （2）重点与难点：及时整理工作环境的要求	3
2. 接待服务	2-1 接待礼仪	2-1-1 能用规范、礼貌用语迎送顾客	（1）能进行仪容、仪表准备 （2）能熟练运用服务规范用语、礼貌用语迎送顾客 （3）能在迎送顾客过程中保持良好的仪态	（1）美发师仪容仪表及规范礼貌用语	1）美发师仪容仪表要求 2）规范礼貌用语 3）服务礼仪要求	（1）方法：讲授法、演示法、讨论法 （2）重点与难点：美发师仪容仪表知识	4
		2-1-2 能根据服务流程妥善安排顾客	（1）能按美发服务流程接待顾客 （2）能按美发接待流程中的要求妥善安排顾客	（2）美发接待规范	1）美发服务流程 2）美发接待服务要求	（1）方法：角色扮演法、讲授法、讨论法 （2）重点与难点：美发接待服务要求	2

续表

2.1.2 五级 / 初级工职业技能培训要求				2.2.2 五级 / 初级工职业技能培训课程规范			
职业功能模块（模块）	培训内容（课程）	技能目标	培训细目	学习单元	课程内容	培训建议	课堂学时
2. 接待服务	2-2 服务介绍	2-2-1 能向顾客介绍美发服务项目及内容	能向顾客介绍美发服务项目及相关内容	美发服务项目	1）美发服务项目种类 2）美发服务项目内容	（1）方法：讲授法、讨论法 （2）重点与难点：美发服务项目的内容、美发服务项目的操作质量标准	6
		2-2-2 能根据顾客的服务要求推荐有相应技术专长的美发师	能为顾客推荐合适的美发师		3）美发服务项目的操作质量标准 4）为顾客推荐合适的美发师		
3. 洗发与按摩	3-1 洗发	3-1-1 能鉴别顾客发质类型，并根据顾客的发质推荐相应洗发用品	（1）能鉴别发质类型 （2）能根据发质特点选择洗发用品	（1）发质分类与洗发用品选用	1）发质的分类与识别 2）洗发用品选用 3）水质对洗发的影响	（1）方法：讲授法、讨论法 （2）重点与难点：水质对洗发的影响	2
		3-1-2 能按规程涂抹洗发液进行洗发，能运用相应手法抓揉头皮	（1）能按操作程序进行洗发 （2）能按规程涂抹洗发液 （3）能在洗发过程中正确抓揉头皮 （4）能进行洗发止痒	（2）洗发操作	1）洗发操作程序 2）洗发操作要求和注意事项 3）洗发止痒的方法 4）洗发操作的质量标准	（1）方法：讲授法、示范法、讨论法、观摩法 （2）重点与难点：洗发操作的质量标准	3
		3-1-3 能根据顾客的发质推荐相应护发用品	（1）能向顾客推荐适合发质的护发用品 （2）能进行护发操作	（3）洗后护发	1）护发用品的选用 2）护发操作要求和注意事项	（1）方法：讲授法、示范法、讨论法、观摩法 （2）重点与难点：护发操作要求和注意事项	3
		3-1-4 能将洗发液冲洗干净，能用毛巾擦干头发，包裹头发	（1）能正确冲洗头发 （2）能用毛巾擦干、包裹头发	（4）冲净头发，毛巾包头	1）冲净头发 2）擦干头发 3）毛巾包发 4）洗发效果不佳的常见原因	（1）方法：讲授法、示范法、讨论法、观摩法 （2）重点与难点：洗发效果不佳的常见原因	2

续表

<table>
<tr><th colspan="4">2.1.2　五级 / 初级工职业技能培训要求</th><th colspan="4">2.2.2　五级 / 初级工职业技能培训课程规范</th></tr>
<tr><th>职业功能模块（模块）</th><th>培训内容（课程）</th><th>技能目标</th><th>培训细目</th><th>学习单元</th><th>课程内容</th><th>培训建议</th><th>课堂学时</th></tr>
<tr><td rowspan="6">3. 洗发与按摩</td><td rowspan="6">3–2　按摩</td><td rowspan="3">3–2–1　能进行头部按摩</td><td rowspan="3">（1）能运用按摩的常用手法进行头部按摩
（2）能按经络走向进行头部按摩</td><td rowspan="3">（1）头部按摩</td><td>1）头部按摩中的经络、穴位</td><td rowspan="3">（1）方法：实物示教法、讲授法、讨论法、
（2）重点与难点：头部按摩操作的禁忌</td><td rowspan="3">5</td></tr>
<tr><td>2）头部按摩操作</td></tr>
<tr><td>3）头部按摩操作的禁忌</td></tr>
<tr><td rowspan="3">3–2–2　能进行颈部、肩部按摩</td><td rowspan="3">（1）能运用按摩的常用手法进行颈部、肩部按摩
（2）能按经络走向进行颈部、肩部按摩</td><td rowspan="3">（2）颈部、肩部按摩</td><td>1）颈部、肩部按摩中的经络、穴位</td><td rowspan="3">（1）方法：实物示教法、讲授法、讨论法、
（2）重点与难点：颈部、肩部按摩操作的禁忌</td><td rowspan="3">5</td></tr>
<tr><td>2）颈部、肩部按摩操作</td></tr>
<tr><td>3）颈部、肩部按摩操作的禁忌</td></tr>
<tr><td rowspan="8">4. 发型制作</td><td rowspan="8">4–1　修剪</td><td rowspan="4">4–1–1　能使用电推剪、剪刀、牙剪（锯齿剪）、剪发梳等美发工具进行修剪</td><td rowspan="4">（1）能使用电推剪进行推剪
（2）能使用剪刀进行修剪
（3）能使用牙剪（锯齿剪）进行削剪
（4）能使用剪发梳配合修剪</td><td rowspan="4">（1）剪发工具的使用</td><td>1）电推剪使用方法</td><td rowspan="4">（1）方法：讲授法、实训（练习）法、演示法、项目教学法
（2）重点与难点：电推剪使用方法、剪发梳使用方法</td><td rowspan="4">6</td></tr>
<tr><td>2）剪刀使用方法</td></tr>
<tr><td>3）牙剪（锯齿剪）使用方法</td></tr>
<tr><td>4）剪发梳使用方法</td></tr>
<tr><td rowspan="4">4–1–2　能推剪男式有色调发型</td><td rowspan="4">（1）能进行男式长发类有色调发型推剪
（2）能进行男式中长发有色调发型推剪
（3）能进行男式短长式有色调发型推剪</td><td rowspan="4">（2）男式基本发型分类与基本操作方法</td><td>1）头面部名称</td><td rowspan="4">（1）方法：讲授法、实训（练习）法、演示法、项目教学法
（2）重点与难点：男式有色调发型分类的标准、男式有色调发型推剪的质量标准</td><td rowspan="4">14</td></tr>
<tr><td>2）男式发型与发式</td></tr>
<tr><td>3）男式有色调发型分类的标准</td></tr>
<tr><td>4）男式基本发型的三部三线</td></tr>
</table>

续表

2.1.2 五级 / 初级工职业技能培训要求				2.2.2 五级 / 初级工职业技能培训课程规范			
职业功能模块（模块）	培训内容（课程）	技能目标	培训细目	学习单元	课程内容	培训建议	课堂学时
4. 发型制作	4-1 修剪				5）三部三线位置变化的关系 6）头发生长流向知识 7）头发软硬、曲直状况知识 8）生理特征对发型轮廓线与基线位置的影响 9）男式有色调发型推剪的操作程序 10）男式有色调发型推剪的质量标准 11）发型发量调整方法与要求		
		4-1-3 能修剪女式生活类发型，能进行发型发量的调整	（1）能进行固体型层次发型的修剪 （2）能进行均等层次发型的修剪 （3）能进行边沿层次发型的修剪 （4）能进行渐增层次发型的修剪 （5）能进行发型发量调整	（3）女式生活类短发的修剪方法	1）女式基本发型的分类标准 2）剪刀操作的基本方法 3）基本层次的修剪方法 4）基本线条的修剪方法 5）女式短发修剪的操作程序 6）固体型层次发型的基本修剪程序 7）均等层次发型的基本修剪程序 8）边沿层次发型的基本修剪程序	（1）方法：讲授法、实训（练习）法、演示法、项目教学法 （2）重点与难点：女式基本发型的分类标准、固体型层次发型的基本修剪程序	13

续表

<table>
<tr><th colspan="4">2.1.2　五级 / 初级工职业技能培训要求</th><th colspan="4">2.2.2　五级 / 初级工职业技能培训课程规范</th></tr>
<tr><th>职业功能模块（模块）</th><th>培训内容（课程）</th><th>技能目标</th><th>培训细目</th><th>学习单元</th><th>课程内容</th><th>培训建议</th><th>课堂学时</th></tr>
<tr><td rowspan="16">4. 发型制作</td><td rowspan="3">4–1　修剪</td><td rowspan="3"></td><td rowspan="3"></td><td rowspan="3"></td><td>9）渐增层次发型的基本修剪程序</td><td rowspan="3"></td><td rowspan="3"></td></tr>
<tr><td>10）女式生活类短发修剪的质量标准</td></tr>
<tr><td>11）发型发量调整方法与要求</td></tr>
<tr><td rowspan="11">4–2　烫发</td><td rowspan="7">4–2–1　能根据发型式样要求选择适合的卷发杠，能按照标准卷杠法进行卷杠</td><td rowspan="7">（1）能根据发型要求选择合适的卷发杠
（2）能进行标准卷杠法的卷杠操作</td><td rowspan="7">（1）烫发卷杠</td><td>1）烫发设备、工具、辅助用品的种类及用途</td><td rowspan="7">（1）方法：讲授法、实训（练习）法、演示法、项目教学法
（2）重点与难点：卷杠的概念、作用和分类，卷杠的基本操作方法</td><td rowspan="7">3</td></tr>
<tr><td>2）卷杠的概念、作用和分类</td></tr>
<tr><td>3）烫发衬纸的使用方法</td></tr>
<tr><td>4）发型与卷发杠的关系</td></tr>
<tr><td>5）卷杠的基本操作方法</td></tr>
<tr><td>6）标准卷杠法的卷杠操作</td></tr>
<tr><td>7）卷杠操作的质量标准</td></tr>
<tr><td rowspan="4">4–2–2　能按顺序均匀涂放烫发剂、中和剂，能根据发质条件及发型制作要求确定涂放烫发剂、中和剂的停放时间</td><td rowspan="4">（1）能正确涂放烫发剂、中和剂
（2）能控制烫发剂、中和剂的停放时间</td><td rowspan="4">（2）烫发操作</td><td>1）烫发剂的分类与性能</td><td rowspan="4">（1）方法：讲授法、实训（练习）法、演示法、项目教学法
（2）重点与难点：中和剂的作用、烫发原理</td><td rowspan="4">3</td></tr>
<tr><td>2）中和剂的作用</td></tr>
<tr><td>3）烫发原理</td></tr>
<tr><td>4）烫发剂、中和剂停放时间的控制</td></tr>
</table>

续表

2.1.2 五级 / 初级工职业技能培训要求				2.2.2 五级 / 初级工职业技能培训课程规范			
职业功能模块（模块）	培训内容（课程）	技能目标	培训细目	学习单元	课程内容	培训建议	课堂学时
4. 发型制作	4–2 烫发	4–2–3 能按要求试卷头发，能在烫发后将烫发剂、中和剂冲洗干净	（1）能按烫发操作程序进行操作 （2）烫发后能将烫发剂、中和剂冲洗干净	（3）烫发质量判断	1）试卷头发 2）冲净烫发剂的方法 3）烫发操作的质量标准 4）烫发卷曲度不够的原因及补救措施	（1）方法：讲授法、实训（练习）法、演示法、项目教学法 （2）重点与难点：烫发卷曲度不够的原因及补救措施	4
	4–3 吹风造型	4–3–1 能根据发质条件和发型造型要求选择吹风机及梳刷工具	（1）能根据发型条件和造型要求选择吹风机和梳理工具 （2）能进行吹风梳理	（1）吹风操作的基本方法和程序	1）吹风的作用 2）吹风操作中的专用名称及术语 3）选择吹风机和工具 4）吹风操作基本方法 5）吹风梳理操作程序	（1）方法：讲授法、实训（练习）法、讨论法、演示法、项目教学法 （2）重点与难点：吹风操作基本方法	3
		4–3–2 能控制吹风机的温度、风力、送风时间和角度，对头发进行吹风造型	（1）能运用吹风梳理操作技巧进行男式发型吹风 （2）能按男式吹风梳理的质量标准进行男式发型的吹风	（2）男式发型吹风操作程序、操作技巧和质量标准	1）男式吹风梳理的操作程序 2）男式吹风梳理的操作技巧 3）男式吹风梳理的质量标准	（1）方法：讲授法、实训（练习）法、讨论法、演示法、项目教学法 （2）重点与难点：男式吹风梳理的质量标准	3
		4–3–3 能进行男式有色调发型的吹风造型	（1）能进行男式分头路发型的吹风造型 （2）能进行男式无头路斜向后发型的吹风造型	（3）男式有色调发型的吹风造型	1）男式分头路的基本方法 2）男式无头路斜向后发型的吹风造型 3）男式分头路发型的吹风造型	（1）方法：讲授法、实训（练习）法、讨论法、演示法、项目教学法 （2）重点与难点：男式分头路发型的吹风造型	14
		4–3–4 能进行女式生活类发型的吹风造型	（1）能在吹风操作中正确使用梳刷 （2）能进行女式生活类发型的吹风造型	（4）女式发型的吹风造型	1）女式生活类发型吹风梳理的基本方法 2）女式生活类发型吹风梳理的程序	（1）方法：讲授法、实训（练习）法、讨论法、演示法、项目教学法	14

续表

2.1.2 五级 / 初级工职业技能培训要求				2.2.2 五级 / 初级工职业技能培训课程规范			
职业功能模块（模块）	培训内容（课程）	技能目标	培训细目	学习单元	课程内容	培训建议	课堂学时
4. 发型制作	4-3 吹风造型				3）女式发型吹风操作中梳刷使用的方法 4）女式生活类发型吹风造型的质量标准	（2）重点与难点：女式生活类发型吹风梳理的方法、女式生活类发型吹风梳理的质量标准	
		4-3-5 能使用电卷棒、电夹板造型	（1）能使用电卷棒进行造型 （2）能使用电夹板进行造型	（5）电卷棒、电夹板造型操作	1）电卷棒的种类及选用 2）电卷棒的操作程序 3）电卷棒的操作方法和操作技巧 4）电夹板造型的操作程序 5）电夹板的操作方法和操作技巧	（1）方法：讲授法、实训（练习）法、讨论法、演示法、项目教学法 （2）重点与难点：电卷棒、电夹板的操作程序	5
		4-3-6 能运用造型手法塑造发型	（1）能根据脸型、头型特点塑造发型 （2）能运用造型手法塑造发型	（6）脸型、头型特点与造型手法	1）脸型、头型的分类和特点 2）发型造型的手法 3）发型与脸型的配合方法	（1）方法：讲授法、实训（练习）法、讨论法、演示法、项目教学法 （2）重点与难点：发型与脸型的配合方法	5
5. 染发	5-1 白发染黑	5-1-1 能进行白发染黑前的皮肤过敏测试，能根据顾客发质状况，调配白发染黑的染发剂	（1）能进行白发染黑前的皮肤过敏测试 （2）能进行白发染黑操作	（1）染发基本知识	1）染发工具、用品的种类和用途 2）染发相关专业术语 3）染发原理 4）染发剂分类	（1）方法：讲授法、实训（练习）法、讨论法 （2）重点与难点：染发工具、用品的种类和用途，染发的原理	2

续表

2.1.2 五级 / 初级工职业技能培训要求				2.2.2 五级 / 初级工职业技能培训课程规范			
职业功能模块（模块）	培训内容（课程）	技能目标	培训细目	学习单元	课程内容	培训建议	课堂学时
5. 染发	5-1 白发染黑				5）染发剂与双氧乳的配比知识		
		5-1-2 能涂放染发剂，并确定停放时间；染发后能将染发剂冲洗干净	（1）能控制染发剂的停放时间 （2）能将染发剂冲洗干净	（2）白发染黑操作	1）白发染黑操作程序 2）白发染黑操作方法 3）白发染黑操作注意事项	（1）方法：讲授法、实训（练习）法、讨论法 （2）重点与难点：白发染黑操作方法	5
	5-2 染深	5-2-1 能进行染深前的皮肤过敏测试，能根据顾客发质状况调配浅发染深的染发剂	（1）能进行染深前的皮肤过敏测试 （2）能进行浅发染深操作	染深操作	1）染深染发剂配置要求 2）染深操作程序 3）染深操作方法 4）染深操作注意事项	（1）方法：讲授法、实训（练习）法、讨论法 （2）重点与难点：染深操作方法	5
		5-2-2 能涂放染发剂，并确定停放时间，能在染发后将染发剂冲洗干净	（1）能控制染深染发剂的停放时间 （2）能将染发剂冲洗干净				
6. 头皮与头发护理	6-1 头皮护理	6-1-1 能根据头皮情况选择护理用品	（1）能根据不同头皮情况选择养护用品 （2）能按程序进行头皮养护操作	（1）头皮护理用品	1）头皮护理用品及其用途 2）头皮护理用品的种类 3）头皮护理用品的性能	（1）方法：讲授法、实训（练习）法、讨论法 （2）重点与难点：头皮护理用品的用途	4
		6-1-2 能进行头皮护理操作，能在头皮护理后将护理用品冲洗干净	（1）能进行头皮护理操作 （2）能在头皮护理后将护理用品冲洗干净	（2）头皮护理操作	1）头皮护理用品的选用 2）头皮护理的操作程序 3）头皮护理的操作方法	（1）方法：讲授法、实训（练习）法、讨论法 （2）重点与难点：头皮护理的操作程序和操作方法	5
	6-2 头发护理	6-2-1 能根据发质情况选择护发用品	能根据顾客发质情况选择护发用品	（1）头发护理用品	1）头发护理用品及其用途 2）头发护理用品的种类 3）头发护理用品的性能	（1）方法：讲授法、实训（练习）法、讨论法 （2）重点与难点：头发护理产品的性能	5

续表

2.1.2 五级 / 初级工职业技能培训要求				2.2.2 五级 / 初级工职业技能培训课程规范			
职业功能模块（模块）	培训内容（课程）	技能目标	培训细目	学习单元	课程内容	培训建议	课堂学时
6. 头皮与头发护理	6–2 头发护理	6–2–2 能根据护发用品特征进行涂放操作，能在护发后将护发用品冲洗干净	（1）能进行发质护理操作 （2）能在护发后将护理用品冲洗干净	（2）头发护理操作	1）护发用品的选择 2）头发护理的操作程序 3）头发护理的操作方法	（1）方法：讲授法、实训（练习）法、讨论法 （2）重点与难点：头发护理的操作程序和操作方法	2
课堂学时合计							160

附录 3　四级 / 中级工职业技能培训要求与课程规范对照表

2.1.3 四级 / 中级工职业技能培训要求				2.2.3 四级 / 中级工职业技能培训课程规范			
职业功能模块（模块）	培训内容（课程）	技能目标	培训细目	学习单元	课程内容	培训建议	课堂学时
1. 接待服务	1–1 服务前的沟通	1–1–1 能与顾客沟通	（1）能观察顾客对服务项目的心理反应 （2）能对顾客的发型设计个性需求做出正确的评价，并进行相应介绍 （3）能合理选择顾客易于接受的沟通方式 （4）能对沟通中的不良状况即时调整，杜绝不该出现的问题	与顾客进行服务前的沟通	1）服务心理学基本知识 2）消费心理基本知识 3）顾客个性需求分析 4）与顾客沟通的方法和技巧 5）美发师接待服务的注意事项	（1）方法：演示法、角色扮演法、情景表演法 （2）重点与难点：与顾客沟通的方法和技巧	4
		1–1–2 能了解顾客的心理需求	能了解顾客的心理需求并做好接待服务				

续表

2.1.3 四级 / 中级工职业技能培训要求				2.2.3 四级 / 中级工职业技能培训课程规范			
职业功能模块（模块）	培训内容（课程）	技能目标	培训细目	学习单元	课程内容	培训建议	课堂学时
1. 接待服务	1-2 咨询服务	1-2-1 能了解顾客发质状况	（1）能通过视觉、触觉等方法了解顾客发量和发质状况 （2）能归纳顾客所提供的头发状况信息	（1）顾客发质状况的咨询服务	1）各种发质的健康状况 2）头皮过敏症状的种类及鉴别 3）不同发质的处理和维护方法	（1）方法：演示法、讲授法、角色扮演法、项目教学法 （2）重点与难点：头皮过敏症状的种类及鉴别	3
		1-2-2 能介绍美发用品的功能及特点	（1）能介绍洗发、护发、固（饰）发、烫发、漂发、染发等美发用品的性能及特征 （2）能对美发用品进行质量鉴别	（2）常用美发用品的咨询服务	1）常用美发用品的质量鉴别 2）常用美发化学用品的质量鉴别 3）推荐适合顾客的美发用品	（1）方法：演示法、参观法、讲授法、项目教学法 （2）重点与难点：常用美发化学用品的质量鉴别	2
		1-2-3 能根据发质条件推荐适合的发型	（1）能判断顾客发质条件 （2）能根据顾客发质条件推荐适合的发型	（3）推荐发型的咨询服务	1）发型与脸型的配合 2）发型与头型的配合 3）推荐适合顾客发质条件的发型	（1）方法：演示法、项目教学法、讲授法 （2）重点与难点：推荐适应顾客发质条件的发型	2
2. 发型制作	2-1 修剪	2-1-1 能用削刀进行削发操作	（1）能采用全口刀法进行削发 （2）能采用半口刀法进行削发 （3）能采用点刀法进行削发	（1）削刀削发	1）认识削刀 2）专业削刀的种类与用途 3）全口刀法、半口刀法、点刀法削刀削发的效果 4）削刀削发技巧 5）削刀削发注意事项	（1）方法：演示法、讲授法、实训（练习）法 （2）重点与难点：全口刀法、半口刀法、点刀法削刀削发的效果	10

续表

2.1.3 四级/中级工职业技能培训要求				2.2.3 四级/中级工职业技能培训课程规范			
职业功能模块（模块）	培训内容（课程）	技能目标	培训细目	学习单元	课程内容	培训建议	课堂学时
2. 发型制作	2-1 修剪	2-1-2 能推剪男式有缝发型、无缝色调发型、毛寸发型	（1）能推剪男式有缝发型 （2）能推剪男式无缝色调发型 （3）能推剪男式毛寸发型	（2）推剪男式发型	1）男式有缝发型、无缝色调发型、毛寸发型的概念 2）男式有缝发型的推剪 3）男式无缝色调发型的推剪 4）男式毛寸发型的推剪	（1）方法：演示法、项目教学法、讲授法、实训（练习）法 （2）重点与难点：男式有缝发型、毛寸发型的推剪	8
		2-1-3 能修剪女式多种层次发型	（1）能修剪女式斜分刘海中长碎发 （2）能修剪女式旋转式短发 （3）能修剪女式中分短发 （4）能修剪女式翻翘式短发	（3）修剪女式发型	（1）女式发型基本类型及其修剪特点 2）女式斜分刘海中长碎发的修剪 3）女式旋转式短发的修剪 4）女式中分短发的修剪 5）女式翻翘式短发的修剪	1）方法：演示法、项目教学法、讲授法、实训（练习）法 （2）重点与难点：女式发型的修剪特点、女式翻翘式短发的修剪	8
		2-1-4 能对修剪工具进行维护和保养	能对剪刀、削刀、牙剪、电推剪等进行维护和保养	（4）修剪工具的维护和保养	1）剪刀的维护和保养 2）电推剪的维护和保养 3）削刀的维护和保养	（1）方法：演示法、项目教学法、实训（练习）法 （2）重点与难点：电推剪的维护和保养	4
	2-2 烫发	2-2-1 能根据发质特性、发型特征，选择烫发剂和卷杠排列方法	（1）能判断烫发前的发质特性、发型特征 （2）能根据发质特性、发型特征选择烫发剂 （3）能根据发质特性、发型特征选用卷杠排列的方法	（1）选择烫发剂和卷杠排列方法	1）发质特性与发质判断 2）发型特征与烫发的关系 3）烫发剂的特性及选用 4）卷杠排列的方法及选用	（1）方法：演示法、项目教学法、讲授法、实训（练习）法 （2）重点与难点：烫发剂的特性及选用	4

续表

2.1.3 四级 / 中级工职业技能培训要求				2.2.3 四级 / 中级工职业技能培训课程规范			
职业功能模块（模块）	培训内容（课程）	技能目标	培训细目	学习单元	课程内容	培训建议	课堂学时
2. 发型制作	2-2 烫发	2-2-2 能根据头发卷曲程度判断烫发效果，并对未达标的采取补救措施	（1）能根据头发卷曲程度判断烫发效果 （2）能对头发卷曲程度未达到要求的采取补救措施	（2）判断卷发效果及补救措施	1）头发卷曲度与烫发剂、中和剂的关系 2）根据试卷判断头发卷曲度 3）造成烫发不卷的原因 4）烫发卷曲度未达标的补救措施	（1）方法：演示法、讲授法、实训（练习）法 （2）重点与难点：烫发卷曲度未达标的补救措施	4
		2-2-3 能进行烫前、烫后的护理操作	（1）能进行烫前的护理操作 （2）能进行烫后的护理操作	（3）烫前、烫后的护理操作	1）烫前、烫后护理的作用 2）进行烫前护理的操作步骤和操作技巧 3）进行烫后护理的操作步骤和操作技巧	（1）方法：演示法、讲授法、实训（练习）法、项目教学法 （2）重点与难点：烫前、烫后护理的操作技巧	3
		2-2-4 能操作热能烫等设备	能对热能烫设备进行操作	（4）操作热能烫设备	1）热能烫设备的工作原理 2）热能烫设备的操作步骤和操作技巧	（1）方法：演示法、讲授法、实训（练习）法 （2）重点与难点：热能烫设备的操作步骤和操作技巧	2
	2-3 吹风造型	2-3-1 能使用固发、饰发用品造型	（1）能使用固发用品进行造型 （2）能使用饰发用品进行造型	（1）使用固发、饰发用品造型	1）常见固发用品 2）固发用品造型技巧 3）常见饰发用品 4）饰发用品造型技巧	（1）方法：演示法、讲授法、实训（练习）法、项目教学法 （2）重点与难点：固发、饰发用品造型技巧	2
		2-3-2 能通过梳刷等造型工具与吹风机的配合制作发型	（1）能用梳子与吹风机的配合进行发型制作 （2）能用刷子与吹风机的配合进行造型	（2）梳刷工具与吹风机的配合制作发型	1）梳刷工具的使用技巧 2）吹风机的使用技巧 3）梳刷工具与吹风机配合制作发型的技巧	（1）方法：演示法、讲授法、实训（练习）法、项目教学法 （2）重点与难点：吹风机的使用技巧	3

续表

<table>
<tr><th colspan="4">2.1.3　四级 / 中级工职业技能培训要求</th><th colspan="4">2.2.3　四级 / 中级工职业技能培训课程规范</th></tr>
<tr><th>职业功能模块（模块）</th><th>培训内容（课程）</th><th>技能目标</th><th>培训细目</th><th>学习单元</th><th>课程内容</th><th>培训建议</th><th>课堂学时</th></tr>
<tr><td rowspan="9">2. 发型制作</td><td rowspan="9">2–3　吹风造型</td><td rowspan="4">2–3–3　能进行男式有缝、无缝色调发型的吹风造型</td><td rowspan="4">（1）能进行男式有缝色调发型的吹风造型
（2）能进行男式无缝色调发型的吹风造型</td><td rowspan="4">（3）男式有缝、无缝色调发型的吹风造型</td><td>1）男式有缝色调发型的吹风造型</td><td rowspan="4">（1）方法：演示法、项目教学法、讲授法、实训（练习）法
（2）重点与难点：男式无缝色调发型的吹风造型</td><td rowspan="4">10</td></tr>
<tr><td>2）男式有缝色调发型吹风造型的质量标准</td></tr>
<tr><td>3）男式无缝色调发型的吹风造型</td></tr>
<tr><td>4）男式无缝色调发型吹风造型的质量标准</td></tr>
<tr><td rowspan="5">2–3–4　能进行女式多种层次发型的吹风造型</td><td rowspan="5">（1）能进行女式斜分刘海中长碎发吹风造型
（2）能进行女式旋转式短发吹风造型
（3）能进行女式中分短发吹风造型
（4）能进行女式翻翘式短发吹风造型</td><td rowspan="5">（4）女式多种层次发型的吹风造型</td><td>1）女式发型的吹风造型特点与质量标准</td><td rowspan="5">（1）方法：演示法、项目教学法、讲授法、实训（练习）法、
（2）重点与难点：女式翻翘式短发的吹风造型</td><td rowspan="5">10</td></tr>
<tr><td>2）女式斜分刘海中长发碎发的吹风造型</td></tr>
<tr><td>3）女式旋转式短发的吹风造型</td></tr>
<tr><td>4）女式中分短发的吹风造型</td></tr>
<tr><td>5）女式翻翘式短发的吹风造型</td></tr>
<tr><td rowspan="4">3. 剃须修面</td><td rowspan="4">3–1　剃须修面前的工作准备</td><td rowspan="4">3–1–1　能磨剃刀</td><td rowspan="4">（1）能用研磨石磨剃刀
（2）能用趟刀布趟剃刀</td><td rowspan="4">（1）磨、趟剃刀</td><td>1）认识研磨石和趟刀布（革砥）</td><td rowspan="4">（1）方法：讲授法、演示法、实训（练习）法、项目教学法、情景表演法
（2）重点与难点：研磨剃刀、趟刀的质量标准</td><td rowspan="4">4</td></tr>
<tr><td>2）用研磨石磨剃刀的技巧</td></tr>
<tr><td>3）用趟刀布趟剃刀的技巧</td></tr>
<tr><td>4）研磨剃刀、趟刀的质量标准</td></tr>
</table>

续表

2.1.3 四级 / 中级工职业技能培训要求				2.2.3 四级 / 中级工职业技能培训课程规范			
职业功能模块（模块）	培训内容（课程）	技能目标	培训细目	学习单元	课程内容	培训建议	课堂学时
3. 剃须修面	3-1 剃须修面前的工作准备	3-1-2 能对面部皮肤进行清洁	能清洁面部皮肤	（2）清洁面部皮肤	1）认识面部清洁的用具、用品 2）剃须修面前的面部皮肤清洁操作	（1）方法：讲授法、演示法、实训（练习）法、项目教学法、情景表演法 （2）重点与难点：进行面部皮肤清洁	3
	3-2 剃须	3-2-1 能采用多种手法绷紧皮肤	（1）能采用张的手法绷紧皮肤 （2）能采用拉的手法绷紧皮肤 （3）能采用捏的手法绷紧皮肤	（1）绷紧皮肤的手法	1）绷紧皮肤的作用 2）张、捏、拉绷紧皮肤的手法 3）绷紧皮肤的手法与刀法的配合 4）绷紧皮肤操作的注意事项	（1）方法：讲授法、实训（练习）法、演示法、项目教学法、情景表演法 （2）重点与难点：绷紧皮肤的手法与刀法的配合	5
		3-2-2 能运用多种刀法剃须修面	（1）能运用正手刀进行剃须修面 （2）能运用反手刀进行剃须修面 （3）能运用推刀进行剃须修面	（2）剃须修面	1）剃刀操作的基本功训练 2）正手刀、反手刀、推刀的操作技巧 3）剃须修面的操作	（1）方法：讲授法、演示法、实训（练习）法、项目教学法、情景表演法 （2）重点与难点：正手刀、反手刀、推刀的操作技巧	10
4. 染发	4-1 材料选择	4-1-1 能根据发质和染发效果要求选择染发剂	（1）能根据发质要求选择染发剂 （2）能根据染发要求选择染发剂 （3）能根据效果要求选择染发剂	（1）选择染发剂	1）判断顾客发质、原发色 2）判断顾客所需染发效果 3）选择染发剂	（1）方法：讲授法、观摩法、演示法、实训（练习）法 （2）重点与难点：判断顾客所需染发效果	4

续表

2.1.3　四级 / 中级工职业技能培训要求				2.2.3　四级 / 中级工职业技能培训课程规范			
职业功能模块（模块）	培训内容（课程）	技能目标	培训细目	学习单元	课程内容	培训建议	课堂学时
4. 染发	4-1　材料选择	4-1-2　能选用不同型号的染膏与双氧乳	（1）能选用不同型号的染膏 （2）能选用不同型号的双氧乳	（2）选用染膏与双氧乳	1）染膏与双氧乳（显色剂）的用途	（1）方法：讲授法、观摩法、演示法、实训（练习）法 （2）重点与难点：染膏颜色代码知识	4
					2）染膏颜色代码知识		
					3）双氧乳的标识		
					4）染膏与双氧乳的选用		
	4-2　染发操作	4-2-1　能根据染发色彩要求调色、确定用量比例、调配染发剂	（1）能根据染发色彩要求进行调色 （2）能根据染发色彩要求确定用量比例 （3）能根据染发色彩要求调配染发剂	（1）染发剂调配	1）同度染染发剂的调配	（1）方法：讲授法、观摩法、演示法、实训（练习）法、项目教学法 （2）重点与难点：深染浅染发剂的调配	3
					2）深染浅染发剂的调配		
					3）盖白发染发剂的调配		
		4-2-2　能进行同度染、深染浅、盖白发的染发剂涂放	（1）能进行同度染的染发剂涂放 （2）能进行深染浅的染发剂涂放 （3）能进行盖白发的染发剂涂放	（2）染发剂涂放	1）同度染的染发剂涂放巧技	（1）方法：讲授法、观摩法、演示法、实训（练习）法、项目教学法 （2）重点与难点：盖白发的染发剂涂放巧技	4
					2）深染浅的染发剂涂放巧技		
					3）盖白发的染发剂涂放巧技		
					4）涂放染发剂注意事项		
		4-2-3　能进行染后护理操作	能对染发后的头发进行护理	（3）染后护理	1）染后护理的作用	（1）方法：讲授法、观摩法、演示法、实训（练习）法 （2）重点与难点：染后护理操作	3
					2）染后护理用品		
					3）染后护理操作		

续表

2.1.3 四级 / 中级工职业技能培训要求				2.2.3 四级 / 中级工职业技能培训课程规范			
职业功能模块（模块）	培训内容（课程）	技能目标	培训细目	学习单元	课程内容	培训建议	课堂学时
5. 接发与假发操作	5-1 接发操作与调整	5-1-1 能根据发质和发型的要求辨别、选择接发材料	（1）能辨别接发材料 （2）能根据发质和发型的要求选择接发材料	（1）接发材料选用	1）接发材料的种类 2）接发材料的选用	（1）方法：讲授法、观摩法、演示法、实训（练习）法 （2）重点与难点：接发材料的种类	2
		5-1-2 能进行接发操作	（1）能进行胶粘接发操作 （2）能进行扣合接发操作 （3）能进行编织接发操作	（2）接发操作	1）接法的分类 2）接发工具 3）接发操作方法 ①胶粘接发 ②扣合接发 ③编织接发	（1）方法：讲授法、观摩法、演示法、实训（练习）法 （2）重点与难点：接发操作方法	4
		5-1-3 能进行接发调整	（1）能对接发计划进行调整 （2）能对接发状况进行调整	（3）接发调整	1）接发区域的调整 2）接发数量的调整	（1）方法：讲授法、观摩法、演示法、实训（练习）法 （2）重点与难点：接发数量的调整	2
	5-2 假发操作与调整	5-2-1 能进行假发洗护	（1）能对假发进行清洗 （2）能对假发进行护理	（1）假发洗护	1）假发的材料与种类 2）假发洗护操作	（1）方法：讲授法、观摩法、演示法、实训（练习）法 （2）重点与难点：假发洗、护的操作	2
		5-2-2 能进行假发修剪	能对假发进行修剪	（2）假发修剪	1）假发修剪的应用 2）假发修剪操作	（1）方法：演示法、实训（练习）法 （2）重点与难点：假发修剪操作	3
		5-2-3 能进行假发吹风造型	能对假发进行吹风造型	（3）假发吹风造型	1）假发吹风造型的应用 2）假发吹风造型操作	（1）方法：观摩法、演示法、实训（练习）法、情景表演法 （2）重点与难点：假发吹风造型的应用	3

续表

2.1.3 四级 / 中级工职业技能培训要求				2.2.3 四级 / 中级工职业技能培训课程规范			
职业功能模块（模块）	培训内容（课程）	技能目标	培训细目	学习单元	课程内容	培训建议	课堂学时
5. 接发与假发操作	5-2 假发操作与调整	5-2-4 能进行假发混合造型	能对假发进行混合造型	（4）假发混合造型	1）假发混合造型的应用 2）假发混合造型操作	（1）方法：观摩法、演示法、实训（练习）法、项目教学法 （2）重点与难点：假发混合造型操作	5
课堂学时合计							140

附录 4　三级 / 高级工职业技能培训要求与课程规范对照表

2.1.4 三级 / 高级工职业技能培训要求				2.2.4 三级 / 高级工职业技能培训课程规范			
职业功能模块（模块）	培训内容（课程）	技能目标	培训细目	学习单元	课程内容	培训建议	课堂学时
1. 发型设计	1-1 设计构思	1-1-1 能通过观察、与顾客交流，根据顾客外形条件了解并确定顾客的需求 1-1-2 能根据顾客的需求，选用合适的设计方案	能通过与顾客交流，观察顾客外形条件，了解并确定顾客的需求 能选用符合顾客需求的设计方案	发型设计构思	1）发型设计的基本要求 2）发型设计的程序	（1）方法：讲授法、观摩法、项目教学法 （2）重点与难点：发型设计的基本要求	3
	1-2 发型素描	1-2-1 能绘制脸型、五官主要轮廓	（1）能绘制脸型主要素描轮廓 （2）能绘制五官主要素描轮廓	（1）脸型、五官素描	1）素描基础知识 2）素描人物脸型、五官的绘制	（1）方法：讲授法、观摩法、演示法、实训（练习）法、项目教学法 （2）重点与难点：素描人物脸型、五官的绘制	5
		1-2-2 能绘制发型线条轮廓	（1）能绘制发型的内轮廓 （2）能绘制发型的外轮廓	（2）发型轮廓素描	1）素描与发型设计的关系 2）素描发型的线条轮廓	（1）方法：讲授法、演示法、实训（练习）法 （2）重点与难点：素描发型的线条轮廓	2

续表

2.1.4　三级 / 高级工职业技能培训要求				2.2.4　三级 / 高级工职业技能培训课程规范			
职业功能模块（模块）	培训内容（课程）	技能目标	培训细目	学习单元	课程内容	培训建议	课堂学时
1. 发型设计	1–2　发型素描	1–2–3　能运用素描进行发型设计	能为顾客绘制发型设计素描参考图	（3）发型设计素描	1）男式发型设计素描案例 2）女式发型设计素描案例	（1）方法：讲授法、实训（练习）法 （2）重点与难点：发型设计素描案例	2
2. 发型制作	2–1　修剪	2–1–1　能运用层次组合技法进行发型的修剪	能运用层次组合技法修剪男士发型	（1）男发修剪	1）男式发型的分类与特点 2）男发修剪、提拉角度与层次变化的关系	（1）方法：讲授法、实训（练习）法、项目教学法 （2）重点与难点：男发修剪质量标准、修剪技术问题的解决方法	8
		2–1–2　能推剪平头式、圆头式发型	（1）能推剪平头式发型 （2）能推剪圆头式发型		3）推剪平头式发型 4）推剪圆头式发型 5）男发修剪质量标准 6）修剪技术问题的解决方法		
		2–1–3　能修剪经典波浪式发型	（1）能修剪长波浪式发型 （2）能修剪中长波浪式发型 （3）能修剪短波浪式发型	（2）波浪式发型修剪	1）经典波浪式发型特点 2）经典波浪式发型修剪、提拉角度与层次变化的关系 3）经典长、中长、短波浪式发型的修剪 4）经典波浪式发型修剪质量标准 5）波浪式发型修剪技术问题的解决方法	（1）方法：讲授法、观摩法、实训（练习）法、项目教学法 （2）重点与难点：经典长、中长、短波浪式发型的修剪，经典波浪式发型修剪质量标准	12
	2–2　烫发	2–2–1　能根据发型设计要求选择卷杠、工具和卷杠手法	（1）能根据发型设计要求选择卷杠、工具 （2）能根据发型设计要求选择卷杠排列、操作手法	（1）卷杠、工具与卷杠手法的选择	1）烫发发型设计的类型与特点 2）各种卷杠、工具的选用 3）各种卷杠手法的应用	（1）方法：讲授法、观摩法、演示法、实物示教法 （2）重点与难点：各种卷杠手法的应用	2

续表

<table>
<tr><th colspan="4">2.1.4 三级 / 高级工职业技能培训要求</th><th colspan="4">2.2.4 三级 / 高级工职业技能培训课程规范</th></tr>
<tr><th>职业功能模块（模块）</th><th>培训内容（课程）</th><th>技能目标</th><th>培训细目</th><th>学习单元</th><th>课程内容</th><th>培训建议</th><th>课堂学时</th></tr>
<tr><td rowspan="14">2. 发型制作</td><td rowspan="3">2-2 烫发</td><td rowspan="3">2-2-2 能采用新工艺进行烫发操作</td><td rowspan="3">（1）能采用新工艺进行烫发的操作
（2）能解决烫发中的技术问题</td><td rowspan="3">（2）现代烫发新工艺的操作</td><td>1）现代烫发新工艺的类型</td><td rowspan="3">（1）方法：观摩法、演示法、实训（练习）法、项目教学法、实物示教法
（2）重点与难点：现代工艺烫发的仪器使用方法</td><td rowspan="3">5</td></tr>
<tr><td>2）现代烫发新工艺的仪器使用方法</td></tr>
<tr><td>3）烫发技术问题的解决方法</td></tr>
<tr><td rowspan="11">2-3 造型</td><td rowspan="5">2-3-1 能进行经典波浪式发型造型</td><td rowspan="5">（1）能进行女式经典波浪式长发造型
（2）能进行女式经典波浪式中长发造型
（3）能进行女式经典波浪式短发造型
（4）能进行男式波浪发造型</td><td rowspan="5">（1）经典波浪式发型造型</td><td>1）女式经典波浪式长发造型操作</td><td rowspan="5">（1）方法：讲授法、观摩法、演示法、实训（练习）法、实物示教法
（2）重点与难点：经典波浪式发型造型的质量标准</td><td rowspan="5">10</td></tr>
<tr><td>2）女式经典波浪式中长发造型操作</td></tr>
<tr><td>3）女式经典波浪式短发造型操作</td></tr>
<tr><td>4）男式波浪发造型操作</td></tr>
<tr><td>5）经典波浪式发型造型的质量标准</td></tr>
<tr><td rowspan="6">2-3-2 能用盘、包、束、编手法进行生活类发型造型</td><td rowspan="6">（1）能采用盘的手法进行生活类发型造型
（2）能采用包的手法进行生活类发型造型
（3）能采用束的手法进行生活类发型造型
（4）能采用编的手法进行生活类发型造型</td><td rowspan="6">（2）盘发、包发、束发、编发造型</td><td>1）发型造型中的手法运用</td><td rowspan="6">（1）方法：讲授法、观摩法、演示法、实训（练习）法、实物示教法
（2）重点与难点：包发造型</td><td rowspan="6">8</td></tr>
<tr><td>2）盘发造型操作</td></tr>
<tr><td>3）包发造型操作</td></tr>
<tr><td>4）束发造型操作</td></tr>
<tr><td>5）编发造型操作</td></tr>
<tr><td>6）发型造型中的饰品搭配</td></tr>
</table>

续表

2.1.4 三级/高级工职业技能培训要求				2.2.4 三级/高级工职业技能培训课程规范			
职业功能模块（模块）	培训内容（课程）	技能目标	培训细目	学习单元	课程内容	培训建议	课堂学时
2. 发型制作	2-3 造型	2-3-3 能进行发片造型	能采用发片进行造型	（3）发片造型	1）发片的种类与特点 2）发片造型操作	（1）方法：讲授法、演示法、实训（练习）法、项目教学法 （2）重点与难点：发片造型技巧	4
3. 剃须修面	3-1 剃须	3-1-1 能修剃络腮胡须	能进行络腮胡须的修剃	（1）修剃络腮胡须	1）络腮胡须的生长特点 2）络腮胡须的软化方法 3）长、短刀法的运用 4）络腮胡须的修剃方法	（1）方法：讲授法、演示法、实训（练习）法、情景表演法 （2）重点与难点：长、短刀法的运用	5
		3-1-2 能修剃多种特殊胡须	（1）能修剃螺旋型胡须 （2）能修剃黄褐色胡须	（2）修剃多种特殊胡须	1）特殊胡须的生长特点 2）特殊胡须的软化方法 3）螺旋型胡须的修剃 4）黄褐色胡须的修剃	（1）方法：讲授法、演示法、实训（练习）法、情景表演法 （2）重点与难点：螺旋型胡须的修剃	7
	3-2 修面	3-2-1 能运用削刀法、滚刀法进行修面，并能根据不同部位选择相应刀法进行修面	（1）能采用削刀法进行修面 （2）能采用滚刀法进行修面 （3）能根据顾客的脸部特征选用相应的修面刀法	（1）多种刀法修面	1）削刀法进行修面的技巧 2）滚刀法进行修面的技巧 3）脸部修面的刀法运用 4）剃刀的保养	（1）方法：讲授法、演示法、实训（练习）法、情景表演法、项目教学法 （2）重点与难点：脸部修面的刀法运用	7
		3-2-2 能运用“七十二刀半”的方法进行修面	能运用“七十二刀半”的方法进行修面	（2）“七十二刀半”修面	1）“七十二刀半”的概念 2）“七十二刀半”的修面技巧	（1）方法：讲授法、观摩法、演示法、实训（练习）法 （2）重点与难点：“七十二刀半”的修面技巧	10

续表

<table>
<tr><th colspan="4">2.1.4 三级 / 高级工职业技能培训要求</th><th colspan="4">2.2.4 三级 / 高级工职业技能培训课程规范</th></tr>
<tr><th>职业功能模块（模块）</th><th>培训内容（课程）</th><th>技能目标</th><th>培训细目</th><th>学习单元</th><th>课程内容</th><th>培训建议</th><th>课堂学时</th></tr>
<tr><td rowspan="15">4. 漂发与染发</td><td rowspan="6">4-1 漂发与染发的选择</td><td rowspan="2">4-1-1 能根据发型色彩要求进行漂发或染发</td><td rowspan="2">（1）能根据发型色彩要求进行漂发
（2）能根据发型色彩要求进行染发</td><td rowspan="6">漂发与染发选择</td><td>1）漂发的概念</td><td rowspan="6">（1）方法：讲授法、讨论法、演示法、实训（练习）法、实物示教法、项目教学法
（2）重点与难点：漂发与染发区别、漂色剂的应用</td><td rowspan="6">10</td></tr>
<tr><td>2）漂发与染发区别</td></tr>
<tr><td rowspan="2">4-1-2 能进行发色与发质分析，确定目标色</td><td rowspan="2">能根据发色与发质确定目标色</td><td>3）基色与目标色</td></tr>
<tr><td>4）基色与目标色的选用</td></tr>
<tr><td rowspan="2">4-1-3 能根据发质选择漂发、染发材料</td><td rowspan="2">（1）能根据发质选择漂发材料
（2）能根据发质选择染发材料</td><td>5）选用漂发、染发的方法</td></tr>
<tr><td>6）漂色剂的应用</td></tr>
<tr><td rowspan="9">4-2 漂发与染发操作</td><td rowspan="2">4-2-1 能调配漂色剂</td><td rowspan="2">能进行漂色剂调配</td><td rowspan="2">（1）漂色剂调配</td><td>1）漂色剂的作用与种类</td><td rowspan="2">（1）方法：讲授法、讨论法、演示法、实训（练习）法、项目教学法
（2）重点与难点：漂色剂的调配操作</td><td rowspan="2">6</td></tr>
<tr><td>2）漂色剂的调配操作</td></tr>
<tr><td rowspan="5">4-2-2 能进行挑染、线染、片染、层染等操作</td><td rowspan="5">（1）能进行挑染操作
（2）能进行线染操作
（3）能进行片染操作
（4）能进行层染操作</td><td rowspan="5">（2）局部染操作</td><td>1）局部染的特点</td><td rowspan="5">（1）方法：演示法、实训（练习）法、项目教学法
（2）重点与难点：层染操作</td><td rowspan="5">4</td></tr>
<tr><td>2）挑染操作</td></tr>
<tr><td>3）线染操作</td></tr>
<tr><td>4）片染操作</td></tr>
<tr><td>5）层染操作</td></tr>
<tr><td rowspan="2">4-2-3 能根据漂发与染发要求确定染发剂涂放方法与停放时间，并能使用染</td><td rowspan="2">（1）能根据漂发与染发要求确定染发剂涂放方法与停放时间</td><td rowspan="2">（3）涂放漂色剂、染发剂及着色</td><td>1）发色与温度、时间的关系</td><td rowspan="2">（1）方法：讲授法、讨论法、演示法、实训（练习）法、项目教学法</td><td rowspan="2">5</td></tr>
<tr><td>2）涂放漂色剂、染发剂的操作技巧</td></tr>
</table>

续表

2.1.4 三级 / 高级工职业技能培训要求				2.2.4 三级 / 高级工职业技能培训课程规范			
职业功能模块（模块）	培训内容（课程）	技能目标	培训细目	学习单元	课程内容	培训建议	课堂学时
4. 漂发与染发	4-2 漂发与染发操作	发设备对漂发与染发后的头发进行加热着色	（2）能使用染发设备对漂发与染发后的头发进行加热着色		3）停放时间与显色的关系 4）加热着色操作	（2）重点与难点：停放时间与显色的关系	
		4-2-4 能分析漂发与染发后发质受损状况，选择护发用品	（1）能分析漂发与染发后发质受损状况 （2）能根据发质受损状况选择护发用品	（4）漂发、染发护理	1）漂发、染发后发质受损的程度 2）选择漂发、染护发用品 3）漂发、染发前后的头发护理	（1）方法：讲授法、讨论法、演示法、实训（练习）法、实物示教法 （2）重点与难点：漂发、染发前后的头发护理	5
课堂学时合计							120

附录 5 二级 / 技师职业技能培训要求与课程规范对照表

2.1.5 二级 / 技师职业技能培训要求				2.2.5 二级 / 技师职业技能培训课程规范			
职业功能模块（模块）	培训内容（课程）	技能目标	培训细目	学习单元	课程内容	培训建议	课堂学时
1. 整体设计	1-1 发型设计	1-1-1 能设计生活类发型	（1）能运用美发修饰方法进行生活类发型设计 （2）能对发型的外形进行设计 （3）能对发型的内形进行设计	（1）发型美学知识	1）发型美学的修饰手法 2）发型设计中要注意的几个关系	（1）方法：讲授法、讨论法、演示法、项目教学法、情景表演法、观摩法 （2）重点与难点：发型设计中要注意的几个关系	3
				（2）发型的外形设计方法	1）外形线条及其特点 2）外形底线产生的方法 3）外形线条的分类 4）外形底线的设计方法	（1）方法：案例教学法、观摩法、讲授法、讨论法 （2）重点与难点：发型的外形底线设计方法	3

续表

2.1.5　二级 / 技师职业技能培训要求				2.2.5　二级 / 技师职业技能培训课程规范			
职业功能模块（模块）	培训内容（课程）	技能目标	培训细目	学习单元	课程内容	培训建议	课堂学时
1. 整体设计	1-1　发型设计			（3）发型的内形设计方法	1）内形结构及其特点 2）分区形状的设计 ①固定分区 ②设计分区 3）内形结构的设计方法 4）内形设计注意事项	（1）方法：案例教学法、观摩法、讲授法、讨论法 （2）重点与难点：发型的内形结构设计方法	2
		1-1-2　能设计符合时代潮流的发型	（1）能根据脸型、头型、头发状况设计发型 （2）能按美学规律对时代潮流发型进行设计	（4）发型设计案例	1）顾客内外形条件设计案例：倒三角型脸型、后脑头型扁平、长发 2）按顾客要求设计一款潮流短发的设计方案 3）按顾客要求设计一款生活类长发的设计方案	（1）方法：角色扮演法、案例教学法、情景表演法、观摩法、讲授法、讨论法 （2）重点与难点：发型的设计方案	3
	1-2　发型绘制	1-2-1　能画发型素描图	（1）能在发型素描中体现人像素描特点 （2）能处理好发型素描要注意的细节问题	（1）发型素描图	1）人像素描的特点 2）发型素描要注意的细节问题 3）处理头发与脸部的衔接方式	（1）方法：项目教学法、实物示教法、演示法、讲授法、讨论法 （2）重点与难点：处理头发与脸部的衔接方式	4
		1-2-2　能画发型分解结构图	（1）能运用头部结构轮廓与发型结构的组合进行绘图 （2）能在绘制中运用层次组合的分配比例	（2）发型结构图	1）头部结构轮廓 2）发型结构的组合 3）层次组合的分配比例和主导 4）绘制发型结构图的程序	（1）方法：项目教学法、实物示教法、演示法、讲授法、讨论法 （2）重点与难点：层次组合的分配比例和主导	3

续表

2.1.5 二级 / 技师职业技能培训要求				2.2.5 二级 / 技师职业技能培训课程规范			
职业功能模块（模块）	培训内容（课程）	技能目标	培训细目	学习单元	课程内容	培训建议	课堂学时
1. 整体设计	1-3 化妆	1-3-1 能选择和使用化妆品	（1）能识别和选择化妆用品 （2）能对常用化妆用具进行选择和使用	（1）化妆的概念与分类	1）化妆的概念 2）化妆的分类	（1）方法：讲授法、讨论法、演示法 （2）重点与难点：化妆的分类	1
				（2）化妆用品、用具的选择与使用	1）化妆用品的分类 ①洁肤类 ②护肤类 ③粉饰类 2）常用化妆用具的选择与使用	（1）方法：演示法、项目教学法、实物示教法、讲授法、讨论法 （2）重点与难点：常用化妆用具的选择与使用	3
		1-3-2 能在化妆中运用化妆技巧、面部基本比例，并修正各种脸型	（1）能运用化妆技巧进行各种脸型修正 （2）能在化妆中运用面部的基本比例知识，进行各种脸型修正	（3）化妆与脸型	1）面部的基本比例 2）脸型的修正方法	（1）方法：实训（练习）法、演示法、项目教学法、实物示教法 （2）重点与难点：脸型的修正方法	5
		1-3-3 能化基本妆	（1）能化基面妆 （2）能化基点妆	（4）基本妆的化妆技术	1）基面妆的化妆技术 ①洁肤 ②润肤 ③修颜 ④遮瑕 ⑤定妆 2）基点妆的化妆技术 ①眉毛的化妆技术 ②眼睛的化妆技术 ③鼻子的化妆技术 ④唇部的化妆技术 ⑤面颊的化妆技术	（1）方法：实训（练习）法、演示法、项目教学法、实物示教法 （2）重点与难点：基面妆的化妆技术	4

续表

2.1.5 二级 / 技师职业技能培训要求				2.2.5 二级 / 技师职业技能培训课程规范			
职业功能模块（模块）	培训内容（课程）	技能目标	培训细目	学习单元	课程内容	培训建议	课堂学时
1. 整体设计	1-3 化妆	1-3-4 能配合发型化日常生活妆	能配合发型进行日常生活化妆	(5) 生活妆的化妆技术	1）生活妆的特点 2）生活妆的化妆程序 3）生活妆的化妆重点 4）化生活妆与发型	(1) 方法：项目教学法、角色扮演法、讲授法、讨论法 (2) 重点与难点：生化妆的化妆重点	4
	1-4 形象设计	1-4-1 能在设计中体现整体形象设计要素，并运用发型、化妆、服饰的整体搭配知识	(1) 能在设计中体现整体形象设计的基本要素 (2) 能在设计中运用发型、化妆、服饰的整体搭配知识	(1) 整体形象设计要素	1）整体形象设计的基本要素 2）发型、化妆、服饰的整体搭配知识 ①发型的整体搭配知识 ②化妆的整体搭配知识 ③服饰的整体搭配知识	(1) 方法：案例教学法、讲授法、讨论法、参观法、实物示教法、观摩法 (2) 重点与难点：发型、化妆、服饰的整体搭配知识	6
		1-4-2 能进行运动风格类、知识女性类、休闲旅游类的形象设计	(1) 能进行运动风格类的形象设计 (2) 能进行知识女性类的形象设计 (3) 能进行休闲旅游类的形象设计	(2) 整体形象设计案例	1）整体形象设计案例：运动风格类形象设计 2）整体形象设计案例：知识女性类形象设计 3）整体形象设计案例：休闲旅游类形象设计	(1) 方法：项目教学法、案例教学法、讲授法、讨论法、角色扮演法、情景表演法 (2) 重点与难点：整体形象设计案例：运动风格类形象设计	8
2. 发型制作	2-1 修剪	2-1-1 能修剪不同风格并富有个性和美感的发型	(1) 能对动感类发型进行修剪 (2) 能对块面类发型进行修剪 (3) 能对对比类发型进行修剪 (4) 能对渐变类发型进行修剪 (5) 能对创意类发型进行修剪	(1) 不同风格发型的修剪	1）动感类发型的修剪 2）块面类发型的修剪 3）对比类发型的修剪 4）渐变类发型的修剪 5）创意类发型的修剪	(1) 方法：实训（练习）法、演示法、项目教学法、实物示教法、讲授法 (2) 重点与难点：对比类发型的修剪、创意类发型的修剪	10

续表

2.1.5　二级 / 技师职业技能培训要求				2.2.5　二级 / 技师职业技能培训课程规范			
职业功能模块（模块）	培训内容（课程）	技能目标	培训细目	学习单元	课程内容	培训建议	课堂学时
2. 发型制作	2–1 修剪	2–1–2 能运用不同修剪手法与技巧修剪发型	能运用不同修剪手法与技巧对发型进行修剪	（2）不同修剪手法与技巧	1）不同修剪手法的作用和效果	（1）方法：实训（练习）法、演示法、项目教学法、实物示教法、讲授法、讨论法 （2）重点与难点：手内修剪与手外修剪的运用范围	3
					2）手内修剪与手外修剪的运用范围		
		2–1–3 能运用剪切口（刀口）角度变化修剪发型	能运用剪切口（刀口）角度变化对发型进行修剪	（3）运用剪切口（刀口）角度变化修剪发型	1）剪切口（刀口）角度变化类型	（1）方法：实训（练习）法、演示法、项目教学法、实物示教法、讲授法 （2）重点与难点：运用剪切口（刀口）角度变化修剪发型	2
					2）运用剪切口（刀口）角度变化修剪发型		
		2–1–4 能调整发型动态方向	能对发型动态方向进行调整	（4）发型动态方向的调整方法	1）静态纹理的修剪	（1）方法：案例教学法、讲授法、讨论法、项目教学法、情景表演法 （2）重点与难点：动态纹理的修剪	2
					2）动态纹理的修剪		
		2–1–5 能根据发型图片进行修剪	能根据图片对发型进行修剪	（5）看图修剪	1）看图修剪的方法	（1）方法：演示法、案例教学法、讲授法、实训（练习）法 （2）重点与难点：看图修剪的技巧	4
					2）看图修剪的步骤		
					3）看图修剪的技巧		
					4）看图修剪案例		

续表

2.1.5 二级/技师职业技能培训要求				2.2.5 二级/技师职业技能培训课程规范			
职业功能模块（模块）	培训内容（课程）	技能目标	培训细目	学习单元	课程内容	培训建议	课堂学时
2. 发型制作	2-2 造型	2-2-1 能综合运用各种造型手法，根据不同场合和顾客个性特点，塑造婚礼、宴会、舞会发型	（1）能综合运用各种造型手法，根据不同场合和顾客个性特点塑造婚礼发型 （2）能综合运用各种造型手法，根据不同场合和顾客个性特点塑造宴会发型 （3）能综合运用各种造型手法，根据不同场合和顾客个性特点塑造舞会发型	（1）婚礼、宴会、舞会发型造型	1）工具造型的方法和技巧 2）婚礼发型造型 3）宴会发型造型 4）舞会发型造型	（1）方法：案例教学法、角色扮演法、讲授法、讨论法 （2）重点与难点：工具造型的方法和技巧	5
		2-2-2 能塑造男女直发、曲发组合发型	（1）能塑造男士直发、曲发组合发型 （2）能塑造女士直发、曲发组合发型	（2）直发、曲发组合造型	1）直发、曲发组合造型的方法和技巧 2）男士直发、曲发组合发型造型 3）女士直发、曲发组合发型造型	（1）方法：案例教学法、角色扮演法、讲授法、讨论法 （2）重点与难点：直发、曲发组合发型造型的方法和技巧	4
		2-2-3 能制作发饰	能进行发饰制作	（3）发饰制作	1）发饰制作和运用 2）混合造型的方法与技巧	（1）方法：项目教学法、案例教学法、讲授法、实训（练习）法、演示法、观摩法 （2）重点与难点：混合造型的方法与技巧	2
		2-2-4 能根据图片进行复制造型的操作	能根据图片对发型进行复制造型	（4）看图造型（复制）	1）看图分析的方法 2）看图造型的步骤 3）看图造型的技巧 4）看图造型案例	（1）方法：项目教学法、案例教学法、讲授法、实物示教法、观摩法 （2）重点与难点：看图造型的技巧	4

续表

<table>
<tr><th colspan="4">2.1.5　二级 / 技师职业技能培训要求</th><th colspan="4">2.2.5　二级 / 技师职业技能培训课程规范</th></tr>
<tr><th>职业功能模块（模块）</th><th>培训内容（课程）</th><th>技能目标</th><th>培训细目</th><th>学习单元</th><th>课程内容</th><th>培训建议</th><th>课堂学时</th></tr>
<tr><td rowspan="8">2. 发型制作</td><td rowspan="2">2-2　造型</td><td rowspan="2">2-2-5　能进行男士古典发型造型</td><td rowspan="2">能对男士古典发型进行造型</td><td rowspan="2">（5）男士古典发型造型</td><td>1）男士古典发型的特点</td><td rowspan="2">（1）方法：案例教学法、角色扮演法、讲授法、讨论法
（2）重点与难点：男士古典发型造型技巧</td><td rowspan="2">4</td></tr>
<tr><td>2）男士古典发型造型技巧</td></tr>
<tr><td rowspan="6">2-3　漂发与染发的色彩调整</td><td rowspan="2">2-3-1　能运用过渡染、晕染等技术进行漂发、染发操作</td><td rowspan="2">（1）能运用过渡染技术进行漂发、染发操作
（2）能运用晕染技术进行漂发、染发操作</td><td rowspan="2">（1）多种漂、染技术的运用</td><td>1）过渡染技术</td><td rowspan="2">（1）方法：参观法、案例教学法、讲授法、角色扮演法、讨论法
（2）重点与难点：过渡染技术</td><td rowspan="2">3</td></tr>
<tr><td>2）晕染技术</td></tr>
<tr><td rowspan="4">2-3-2　能运用褪色、补色、染色等方法调整发型颜色</td><td rowspan="4">（1）能运用褪色方法调整发型颜色
（2）能运用补色方法调整发型颜色
（3）能运用染色方法调整发型颜色</td><td rowspan="4">（2）头发颜色调整</td><td>1）颜色调整知识</td><td rowspan="4">（1）方法：参观法、案例教学法、讲授法、讨论法
（2）重点与难点：补色法调整发型色彩</td><td rowspan="4">3</td></tr>
<tr><td>2）褪色法调整发型色彩</td></tr>
<tr><td>3）补色法调整发型色彩</td></tr>
<tr><td>4）染色法调整发型色彩</td></tr>
<tr><td rowspan="6">3. 胡髭与胡须修饰</td><td rowspan="3">3-1　胡髭修饰</td><td rowspan="2">3-1-1　能进行胡髭的修饰</td><td rowspan="2">能对胡髭进行修饰</td><td rowspan="3">胡髭的修饰与造型</td><td>1）胡髭的形状和种类</td><td rowspan="3">（1）方法：参观法、案例教学法、讲授法、讨论法
（2）重点与难点：胡髭修饰、造型</td><td rowspan="3">7</td></tr>
<tr><td>2）胡髭的修饰</td></tr>
<tr><td>3-1-2　能进行胡髭的造型</td><td>能对胡髭进行造型</td><td>3）胡髭的造型</td></tr>
<tr><td rowspan="3">3-2　胡须修饰</td><td rowspan="2">3-2-1　能进行胡须的修饰</td><td rowspan="2">能对胡须进行修饰</td><td rowspan="3">胡须的修饰与造型</td><td>1）胡须的形状和种类</td><td rowspan="3">（1）方法：参观法、案例教学法、讲授法、讨论法
（2）重点与难点：胡须修饰、造型</td><td rowspan="3">8</td></tr>
<tr><td>2）胡须的修饰</td></tr>
<tr><td>3-2-2　能进行胡须的造型</td><td>能对胡须进行造型</td><td>3）胡须的造型</td></tr>
</table>

续表

2.1.5　二级/技师职业技能培训要求				2.2.5　二级/技师职业技能培训课程规范			
职业功能模块（模块）	培训内容（课程）	技能目标	培训细目	学习单元	课程内容	培训建议	课堂学时
4. 培训与管理	4-1　培训指导	4-1-1　能对美发师五级/初级工、四级/中级工、三级/高级工进行理论知识培训	能对美发师五级/初级工、四级/中级工、三级/高级工进行理论培训	（1）培训与指导	1）理论培训教学方法 2）技能操作培训指导方法	（1）方法：讲授法、讨论法、演示法、案例教学法 （2）重点与难点：理论培训教学方法、技能操作培训指导方法	3
		4-1-2　能对美发师五级/初级工、四级/中级工、三级/高级工进行技能操作指导	能对美发师五级/初级工、四级/中级工、三级/高级工进行技能操作指导	（2）培训教案的编写	1）培训教案的内容与结构 2）培训教案案例	（1）方法：讲授法、案例教学法 （2）重点与难点：培训教案的内容与结构	2
		4-1-3　能撰写专业技术小结	能进行专业技术小结的撰写	（3）撰写专业技术小结	1）专业技术小结的概念 2）专业技术小结的结构 3）专业技术小结的撰写要求及实例	（1）方法：案例教学法、讲授法、演示法 （2）重点与难点：专业技术小结的结构	2
4. 培训与管理	4-2　技术管理	4-2-1　能与员工沟通	能与员工有效沟通	（1）员工沟通技巧	1）沟通的重要性 2）沟通的技巧 3）心理学常识的应用	（1）方法：参观法、案例教学法、角色扮演法、情景表演法 （2）重点与难点：沟通技巧	2
		4-2-2　能处理经营过程中的服务质量问题 4-2-3　能对服务项目进行质量评估并提出改进建议	能对服务质量问题进行评估与改进	（2）服务质量评估与改进	1）常见服务质量问题 2）服务质量标准 3）服务质量标准评估方法 4）改进服务质量的方法	（1）方法：参观法、案例教学法、角色扮演法、情景表演法 （2）重点与难点：服务质量的改进	1
课堂学时合计							120

附录 6　一级/高级技师职业技能培训要求与课程规范对照表

<table>
<tr><th colspan="4">2.1.6　一级/高级技师职业技能培训要求</th><th colspan="4">2.2.6　一级/高级技师职业技能培训课程规范</th></tr>
<tr><th>职业功能模块（模块）</th><th>培训内容（课程）</th><th>技能目标</th><th>培训细目</th><th>学习单元</th><th>课程内容</th><th>培训建议</th><th>课堂学时</th></tr>
<tr><td rowspan="14">1. 整体设计</td><td rowspan="7">1-1　发型设计</td><td rowspan="3">1-1-1　能为时尚发布会、推广会等活动设计制作创新艺术发型</td><td rowspan="3">（1）能为各类时尚发布会、推广会等活动设计制作创新艺术发型
（2）能针对各类美发技能大赛设计制作创新艺术发型</td><td rowspan="3">（1）艺术观赏发型设计制作</td><td>1）艺术观赏类发型的概念</td><td rowspan="3">（1）方法：演示法、案例教学法、讲授法、参观法、角色扮演法、情景表演法
（2）重点与难点：大赛发型的风格与设计制作</td><td rowspan="3">4</td></tr>
<tr><td>2）时尚发布会和推广会发型的风格与设计制作</td></tr>
<tr><td>3）大赛发型的风格与设计制作</td></tr>
<tr><td rowspan="2">1-1-2　能设计制作主题系列发型</td><td rowspan="2">能设计制作各类主题系列发型</td><td rowspan="2">（2）主题系列创意发型设计制作</td><td>1）主题系列创作发型设计的方法</td><td rowspan="2">（1）方法：案例教学法、讲授法、讨论法、情景表演法
（2）重点与难点：主题系列创作发型设计的方法</td><td rowspan="2">4</td></tr>
<tr><td>2）主题系列创作发型制作案例</td></tr>
<tr><td rowspan="2">1-1-3　能根据顾客自身条件，设计符合不同场合、突出个性的整体形象</td><td rowspan="2">（1）能根据顾客自身条件，设计符合不同场合的整体形象
（2）能根据顾客自身条件，设计突出个性的整体形象</td><td rowspan="2">（3）整体形象设计</td><td>1）不同场合的整体形象设计</td><td rowspan="2">（1）方法：案例教学法、讲授法、讨论法、参观法、实物示教法、观摩法
（2）重点与难点：突出个性的整体形象设计</td><td rowspan="2">5</td></tr>
<tr><td>2）突出个性的整体形象设计</td></tr>
<tr><td rowspan="4">1-2　发型绘制</td><td rowspan="2">1-2-1　能根据设计要求画出发型图样</td><td rowspan="2">能采用三维立体素描画出发型图样</td><td rowspan="2">（1）三维立体素描技法</td><td>1）三维立体素描的方法</td><td rowspan="2">（1）方法：参观法、演示法、案例教学法、讲授法、讨论法
（2）重点与难点：三维立体素描体现发型效果</td><td rowspan="2">5</td></tr>
<tr><td>2）三维立体素描体现发型效果</td></tr>
<tr><td rowspan="2">1-2-2　能使用计算机进行发型绘制</td><td rowspan="2">能进行计算机发型绘制</td><td rowspan="2">（2）计算机发型绘制</td><td>1）常用计算机绘图软件</td><td rowspan="2">（1）方法：案例教学法、讲授法、演示法
（2）重点与难点：运用计算机绘制软件进行发型绘制</td><td rowspan="2">5</td></tr>
<tr><td>2）运用计算机绘图软件进行发型绘制</td></tr>
</table>

续表

2.1.6　一级/高级技师职业技能培训要求				2.2.6　一级/高级技师职业技能培训课程规范			
职业功能模块（模块）	培训内容（课程）	技能目标	培训细目	学习单元	课程内容	培训建议	课堂学时
1. 整体设计	1–3　化妆	1–3–1　能化新娘妆	能化各类新娘妆	（1）新娘妆的化妆技术	1）新娘妆的妆型特点 2）新娘妆的化妆程序 3）新娘妆的化妆重点 4）典型新娘妆的化妆	（1）方法：讲授法、讨论法、角色扮演法、情景表演法 （2）重点与难点：新娘妆的化妆技术重点	7
		1–3–2　能化晚宴妆	能化不同主题晚宴妆	（2）晚宴妆的化妆技术	1）晚宴妆的妆型特点 2）晚宴妆的化妆程序 3）晚宴妆的化妆重点 4）不同主题晚宴妆的化妆	（1）方法：讲授法、讨论法、角色扮演法、情景表演法 （2）重点与难点：晚宴妆的化妆技术重点	7
2. 发型制作	2–1　造型	2–1–1　能修剪具有引领时代潮流和代表一个地区风格的发型	（1）能修剪具有引领时代潮流的发型 （2）能修剪代表一个地区风格的发型	（1）时代潮流发型和地区风格发型的修剪与造型	1）线条形态对发型风格的影响 2）时代潮流发型的发展与特点 3）具有明显风格的地区发型的发展与特点	（1）方法：参观法、案例教学法、讲授法、讨论法实训（练习）法、项目教学法、实物示教法 （2）重点与难点：时代潮流发型的发展与特点	5
		2–1–2　能进行一发多变发型的梳理造型	能进行经典一发多变发型的梳理造型	（2）一发多变的方法和技巧	1）一发多变的方法 2）一发多变的分类 3）经典类发型一发多变的梳理造型	（1）方法：参观法、项目教学法、讲授法、讨论法 （2）重点与难点：经典类发型一发多变的梳理造型	5
		2–1–3　能对修剪工艺技法和造型技法进行革新	（1）能对修剪工艺技法进行革新 （2）能对造型技法进行革新	（3）美发技法革新	1）美发理论创新 2）修剪技法的革新 3）造型技法的革新	（1）方法：讲授法、讨论法、情景表演法、实物示教法 （2）重点与难点：美发理论创新	7

续表

2.1.6　一级 / 高级技师职业技能培训要求				2.2.6　一级 / 高级技师职业技能培训课程规范			
职业功能模块（模块）	培训内容（课程）	技能目标	培训细目	学习单元	课程内容	培训建议	课堂学时
2. 发型制作	2–1　造型	2–1–4　能根据图片等素材进行创意造型	能根据图片等素材对发型进行创意造型	(4) 看图创意造型（复制 + 创意）	1）看图创意造型（复制 + 创意）的方法	(1) 方法：演示法、案例教学法、讲授法、实训（练习）法 (2) 重点与难点：看图创意造型（复制 + 创意）的技巧	6
					2）看图创意造型（复制 + 创意）的步骤		
					3）看图创意造型（复制 + 创意）的技巧		
					4）看图创意造型（复制 + 创意）案例		
	2–2　漂发与染发流行趋势预测	2–2–1　能根据流行色及顾客个性特点，制定漂发与染发方案	(1) 能根据流行色进行漂发与染发方案制定 (2) 能根据顾客个性特点进行漂发与染发方案制定	(1) 流行色与流行色彩趋势预测	1）流行色彩知识	(1) 方法：演示法、案例教学法、讲授法、讨论法、实物示教法 (2) 重点与难点：流行色彩在发型上的运用	4
					2）流行色彩在发型上的运用		
					3）流行色彩趋势预测		
		2–2–2　能进行多层次漂发与染发	能进行多层次的漂发与染发	(2) 漂发、染发设计	1）根据流行色制定不同的漂发、染发方案	(1) 方法：案例教学法、讲授法、讨论法、情景表演法、实物示教法 (2) 重点与难点：根据发型制定不同的漂发、染发方案	6
					2）根据发型制定不同的漂发、染发方案		
					3）根据肤色制定不同的漂发、染发方案		
					4）根据性格制定不同的漂发、染发方案		
					5）多层次漂发、染发操作方法		

续表

<table>
<tr><td colspan="4">2.1.6 一级 / 高级技师职业技能培训要求</td><td colspan="4">2.2.6 一级 / 高级技师职业技能培训课程规范</td></tr>
<tr><td>职业功能模块（模块）</td><td>培训内容（课程）</td><td>技能目标</td><td>培训细目</td><td>学习单元</td><td>课程内容</td><td>培训建议</td><td>课堂学时</td></tr>
<tr><td rowspan="16">3. 培训与管理</td><td rowspan="7">3-1 培训指导</td><td>3-1-1 能归纳、总结与美发相关的技术经验</td><td>能对与美发相关的技术经验进行归纳和总结</td><td rowspan="2">（1）培训与指导</td><td>1）培训计划的编写
①内容结构
②编写要求
③实例</td><td rowspan="2">（1）方法：案例教学法、演示法、讲授法、讨论法
（2）重点与难点：培训大纲的编写</td><td rowspan="2">6</td></tr>
<tr><td>3-1-2 能制定美发师职业培训计划和授课方案</td><td>能对美发师职业培训计划和授课方案进行制定</td><td>2）培训大纲的编写
①内容结构
②编写要求
③实例</td></tr>
<tr><td rowspan="2">3-1-3 能用PPT制作课件</td><td rowspan="2">能用PPT对课件进行制作</td><td rowspan="2">（2）PPT课件制作</td><td>1）PPT软件简介</td><td rowspan="2">（1）方法：案例教学法、演示法、讲授法、讨论法
（2）重点与难点：制作PPT课件</td><td rowspan="2">4</td></tr>
<tr><td>2）制作PPT课件</td></tr>
<tr><td rowspan="3">3-1-4 能撰写专业技术论文</td><td rowspan="3">能对专业技术论文进行撰写</td><td rowspan="3">（3）专业技术论文的撰写</td><td>1）专业技术论文的概念</td><td rowspan="3">（1）方法：案例教学法、讲授法、讨论法
（2）重点与难点：专业技术论文的撰写要求</td><td rowspan="3">8</td></tr>
<tr><td>2）专业技术论文的常见格式</td></tr>
<tr><td>3）专业技术论文的撰写要求及实例</td></tr>
<tr><td rowspan="9">3-2 经营管理</td><td rowspan="6">3-2-1 能分析市场动态</td><td rowspan="6">能对市场动态进行分析</td><td rowspan="6">（1）美发企业的市场拓展</td><td>1）店面的选择</td><td rowspan="6">（1）方法：参观法、案例教学法、讲授法、讨论法
（2）重点与难点：店面选择，经营模式的制定</td><td rowspan="6">6</td></tr>
<tr><td>2）店址的选择</td></tr>
<tr><td>3）店面装修</td></tr>
<tr><td>4）经营模式的制定</td></tr>
<tr><td>5）组织架构的安排</td></tr>
<tr><td>6）市场营销知识</td></tr>
<tr><td rowspan="3">3-2-2 能分析、管理企业的经营活动</td><td rowspan="3">能对企业的经营活动进行分析与管理</td><td rowspan="3">（2）美发企业经营管理活动</td><td>1）财务管理的基本方法</td><td rowspan="3">（1）方法：案例教学法、演示法、讲授法、讨论法、项目教学法
（2）重点与难点：定额管理基本知识</td><td rowspan="3">6</td></tr>
<tr><td>2）定额管理基本知识</td></tr>
<tr><td>3）组织与分工管理基本知识</td></tr>
<tr><td colspan="7">课堂学时合计</td><td>100</td></tr>
</table>